第2版

从新手到高手

抖音+剪映+Premiere

短视频制作 从新手到高手

毛彤 姜恂 闫妍 编著

清华大学出版社

北京

内 容 简 介

本书共 12 章，从多方面详细阐述短视频的拍摄、剪辑和发布技巧，内容丰富，图文并茂，旨在让读者在实操中掌握并巩固短视频创作基础。随书提供相关案例素材、效果文件及教学视频，可有效帮助读者解决创作中遇到的疑点和难题。

本书适用于对短视频感兴趣或有意向从事短视频制作、电商营销推广、自媒体运营等行业的用户。读者可通过本书案例获得灵感及帮助，快速全面地掌握短视频的核心制作流程，轻松玩转各大短视频平台，同时将自己的作品更广泛地传播出去。

图书在版编目（CIP）数据

抖音＋剪映＋Premiere 短视频制作从新手到高手 / 毛彤，姜旬恂，闫妍编著 . —2 版 . —北京：清华大学出版社，2023.7

（从新手到高手）

ISBN 978-7-302-64168-1

Ⅰ.①抖…　Ⅱ.①毛…②姜…③闫…　Ⅲ.①视频制作　Ⅳ.① TN948.4

中国国家版本馆 CIP 数据核字 (2023) 第 127034 号

责任编辑：陈绿春
封面设计：潘国文
责任校对：徐俊伟
责任印制：曹婉颖

出版发行：清华大学出版社

　　　　网　　　址：http://www.tup.com.cn，http://www.wqbook.com

　　　　地　　　址：北京清华大学学研大厦 A 座　　　　　　邮　　编：100084

　　　　社 总 机：010-83470000　　　　　　　　　　　　邮　　购：010-62786544

　　　　投稿与读者服务：010-62776969，c-service@tup.tsinghua.edu.cn

　　　　质 量 反 馈：010-62772015，zhiliang@tup.tsinghua.edu.cn

印 装 者：三河市铭诚印务有限公司

经　　销：全国新华书店

开　　本：188mm×260mm　　　　　印　　张：15.75　　　字　　数：514 千字

版　　次：2021 年 9 月第 1 版　　2023 年 9 月第 2 版　　印　　次：2023 年 9 月第 1 次印刷

定　　价：99.00 元

产品编号：099495-01

前　言

　　手机短视频是当下极为火爆的互联网内容传播方式，随处可见捧着手机刷短视频的人。而随着手机拍摄性能的提升、各种剪辑软件的涌现，许多用户产生了从观众变为创作者的想法。对于这部分用户来说，如何上手制作视频、如何输出优质内容、如何获得更多流量，就成了需要重点思考的问题。本书便是基于这部分创作者的需求而诞生的。

一、编写目的

　　本书是为短视频初学者量身打造的学习参考书，既有对理论知识的介绍说明，也有对实际操作的讲解分析，从前期策划、拍摄、剪辑、发布四个方面展开讲解，旨在辅助创作者高效完成短视频作品的创作、掌握视频运营技巧。随书附有相关案例的素材和教学视频，能帮助读者巩固和强化操作基础，使读者在实战演练中逐步掌握拍摄、剪辑技巧，并在此基础上探索出属于自己的创作思路，创作出优秀的短视频作品。

二、本书内容安排

　　本书共12章，每章开头都有简明的章节引导，能够帮助读者快速了解章节内容，也方便读者根据自身的实际情况有针对性地检索内容，进行学习。

　　本书内容安排如下。

章　题	内容安排
第1章　新手上路，需要掌握的短视频基础	介绍短视频的拍摄基础，主要从拍摄工具、补光、收音等方面展开讲解
第2章　主题策划，创意才是打动观众的关键	介绍短视频的前期策划技巧，主要从寻找定位、确定主题、编写文案、创建拍摄脚本等方面展开介绍
第3章　拍摄运镜，拍出酷炫短视频的必学技巧	主要介绍短视频的拍摄技巧，重点介绍推、拉、摇、移等拍摄运镜方法
第4章　抖音APP，拍摄加工一气呵成	讲解抖音APP的使用方法，包括软件功能界面、功能实操及具体应用等内容
第5章　剪映APP，手机也能完成大片制作	主要讲解在手机剪辑软件《剪映》中，进行视频制作、效果添加、创意合成等操作的方法
第6章　Premiere Pro，功能强大的视频剪辑软件	以案例的形式，介绍电脑剪辑软件Premiere Pro的功能和基本操作，并详细介绍了完整的视频剪辑流程

章　题	内　容　安　排
第7章　辅助工具，解决短视频制作的多重需求	主要介绍短视频中常用的辅助工具，包含录屏工具、格式转换工具、压缩工具、封面处理工具和字幕添加工具等
第8章　片头片尾，迅速打造个性短视频账号	主要介绍个性化短视频片头、片尾的制作方法
第9章　创意转场，提升视频档次的关键元素	主要介绍为短视频制作创意转场效果的方法
第10章　文字特效，画面中必不可少的吸睛点	以案例的形式，详细介绍九种短视频文字效果的制作方法
第11章　画面优化，让自己的作品锦上添花	以理论和实操相结合的方式，介绍提高短视频画面质感、丰富画面内容的方法
第12章　视频发布，将内容分享到更多的平台	介绍短视频发布平台及发布技巧

三、本书写作特色

本书以通俗精练的语言对理论知识进行讲解，将基础理论和实操训练相结合，全面而深入地对短视频制作流程进行介绍说明。本书具备如下特点。

■　理论精练　案例丰富

本书从初学者的角度，深入浅出地对视频拍摄制作的理论进行说明，并配有大量生动有趣的案例，使学习过程更具趣味性，使读者能够快速掌握短视频制作技巧。

■　全程图解　即学即会

本书配有大量的插图，以便读者能够快速领会文字内容。在对案例的制作步骤进行说明时，详细记录操作的步骤，方便读者对照图片，快速掌握相关操作。

■　提示技巧　掌握诀窍

除了基本的知识讲解，书中还穿插了大量的提示内容，对知识点以及相关操作进行补充说明，使读者能够快速掌握短视频制作的诀窍。

四、配套资源下载

本书的相关教学视频和配套素材请用微信扫描下面的二维码进行下载。

视频教学

配套素材

如果在配套资源的下载过程中碰到问题，请联系陈老师，联系邮箱：chenlch@tup.tsinghua.edu.cn。

五、作者信息和技术支持

本书由吉林师范大学毛彤、姜旬恂和吉林动画学院闫妍编著。在本书的编写过程中，我们虽以科学、严谨的态度，力求精益求精，但疏漏之处在所难免，如果有任何技术上的问题，请用微信扫描右侧的二维码，联系相关的技术人员进行解决。

技术支持

编者
2023年8月

目　录

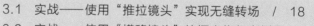

第12章 视频发布，将内容分享到更多的平台 / 227

第1章
新手上路，需要掌握的短视频基础

在信息技术极速发展的当代社会，短视频的风潮越来越火热，开始学习短视频制作、想要利用短视频获取收益的人日益增多。作为短视频入门新手，首先应当掌握高效拍摄短视频的基础知识。本章介绍短视频前期拍摄需要做好的准备工作。

1.1 选择合适的拍摄设备

高质量的视频作品往往需要借助一些专业设备来完成，拍摄设备决定了最终画面的质量，同时针对不同的场景，也需要用到不同的拍摄设备。短视频创作是一条成长之路，读者可以在这个过程中，根据自身专业水平的上升，升级拍摄设备，毕竟适合自己的才是最好的。

1.1.1 手机

手机具有方便携带、性价比高和操作简单的特点，只要找好构图或利用好外部道具，也可以拍摄出优质的画面。对于大部分刚开始尝试拍摄短视频的新手来说，一部手机足以搞定大部分拍摄场景，如图1-1所示。但是手机与专业的拍摄器材相比，画面质量还是稍显逊色，且供后期处理的空间较小，对于专业的短视频拍摄团队来说，使用更专业的拍摄器材会更好。

图1-1

1.1.2 微单

微单集便携和专业于一体，是大多数Vlog拍摄者的不二选择，如图1-2和图1-3所示。与手机相比，同等价位的微单在拍摄性能、焦距覆盖范围及画质上都更胜一筹，高端微单还能满足专业摄影的需求。对于新手Vlog博主来说，在提高了摄影水平并累积一定的拍摄经验后，可以选择购买微单进行拍摄。

图1-2

图1-3

1.1.3 单反相机

单反相机相比微单来说，专业性和续航能力更强，并且镜头群数量多，适合专业能力好的摄影人士，以及对画质要求较高的用户使用，如图1-4所示。单反相机比上述两种设备的价格更高，机身和镜头也相对更重，不适合长时间携带出行。需要注意的是，单反相机的参数设置和镜头配置都有着更强的专业性，对于入门级或初学者来说难以掌握拍摄技巧。

图1-4

微单和单反都可以根据场景的需求配备合适的镜头，常见的镜头类型有广角镜头、定焦镜头、标准镜头、长焦镜头和微距镜头等。广角镜头是一款焦距很短，视角范围大且景深很深的镜头，如图1-5所示，通常用于拍摄大场景或小空间的全景，突出被摄对象的宽阔或高大，如图1-6所示。鱼眼镜头是一种极端的广角镜头，因镜片向前凸出像鱼的眼睛而得此名，如图1-7所示，其视角范围比广角镜头更大，超出了人眼所能看到的范围，拍出的图像呈畸变效果，带有强烈的视觉冲击感，如图1-8所示。

图1-5

图1-6

图1-7

图1-8

定焦镜头是只有一个固定焦距的镜头，如图1-9所示，其不具有变焦功能，与变焦镜头相比，定焦镜头对焦准确且速度快，成像质量稳定，光圈大，虚化效果更好，非常适合近距离拍摄人像、静物等，如图1-10所示。

图1-9

图1-10

长焦镜头是指比标准镜头焦距长的镜头，分为普通远摄镜头和超远摄镜头两种类型。一般镜头焦距在85毫米～300毫米的为普通远摄镜头，如图1-11所示；镜头焦距为300毫米以上的为超远摄镜头，如图1-12所示。长焦镜头通常在演出现场、野外摄影、拍摄月亮等时使用，将远处的景拉近拍摄，如图1-13所示。

微距镜头是一种用作微距摄影的特殊镜头，适用于近距离拍摄和一般拍摄，如图1-14所示。微距镜头多用于表现昆虫、饰品等物品的细节，可以很好地表现对象的特点，如图1-15所示。

图1-11

图1-12

图1-13

图1-14

图1-15

1.1.4　航拍无人机

随着航拍无人机的普及，使用无人机进行拍摄也越发常见，如图1-16所示。

图1-16

相比其他拍摄方式，无人机的拍摄角度更为灵活，不仅能够俯瞰全局，全面展示自然风光，如图1-17所示，还可以拍摄大角度升降、俯冲镜头，制造视觉冲击感，如图1-18和图1-19所示。此外，在拍摄其他镜头时，无人机也比手持拍摄稳定许多。

图1-17

图1-18

图1-19

然而，对于一般拍摄者来说，无人机的价格较高，灵活运用无人机进行拍摄也需要一段时间学习，因此并不推荐初学者使用。但对于资金充足，又有一定拍摄需求的人来说，学习使用无人机进行拍摄，对于制作视频来说，是一个不错的选择。

1.2 使用三脚架拍摄稳定场景

三脚架是用来稳定相机的一种支撑架，在一些特殊拍摄情况下，可以营造相对稳定的拍摄条件。三脚架通常分为相机三脚架和手机三脚架，使用方法和功能也有所不同，下面分别介绍这两种三脚架的特点。

1.2.1 相机三脚架

根据材质，相机三脚架可分为碳纤维三脚架和铝合金三脚架两种。这两种三脚架均可反折收纳，并且能够自由地调整云台角度。碳纤维材质比铝合金材质轻便，价格也更高，环境适应能力比铝合金三脚架要好，防刮防腐蚀，韧性较强，适合经常外出拍摄的用户使用，以减轻负担，同时在野外恶劣的环境中能减少给三脚架带来的损害，如图1-20所示。铝合金材质的三脚架比碳纤维三脚架的性价比要高，虽然材质更重，但胜在稳定性强，适合在室内拍摄时使用，如图1-21所示。

图1-20

图1-21

1.2.2 手机三脚架

手机三脚架适合日常拍摄，其轻便易携带，适用多种场景拍摄需求，性价比极高。下面介绍两种常见的手机三脚架。

1.八爪鱼式三脚架

八爪鱼式三脚架的体积小且重量轻，可以放置在桌面上，也可以手持拍摄，如图1-22所示。八爪鱼式三脚架的使用范围非常广，无论是旅行、Vlog

拍摄，还是室内直播评测等场景都可以使用，如图1-23所示。同时，八爪鱼式三脚架也是拍摄一些特殊效果的必备物品，例如在拍摄水中倒影时，或在一些地形不平稳的地方，八爪鱼式三脚架也能稳定立住。

图1-22

图1-23

2.落地式三脚架

落地式三脚架常用于直播、Vlog、测评等视频的拍摄，具有稳定性高、不易倾倒的特点。落地式三脚架可自由伸缩调整高度，如图1-24所示。若配备360°旋转云台，则能够任意调节拍摄角度，满足不同的拍摄需求，如图1-25所示，在有远程拍摄的情况下，将蓝牙装置与拍摄设备连接，能轻松实现远程遥控自拍，如图1-26所示。

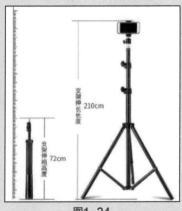

图1-24

图1-25　　　　　　　　图1-26

◎提示·◦

　　在进行直播时，可以为三脚架加装环形补光灯，以达到更好的美颜效果，如图1-27所示。

图1-27

1.3　使用稳定器稳定运动镜头

　　稳定器是短视频拍摄工作中至关重要的辅助工具，其能帮助创作者拍摄出平稳顺滑的画面，提升作品的档次。下面详细介绍稳定器的作用。

　　稳定器由三个陀螺仪电机构成，每个陀螺仪电机控制一个维度的稳定。电机控制拍摄时的方向和转速，可以有效纠正画面倾斜，即使在运动状态下拍摄，也能保证画面的流畅度和稳定性。手机稳定器重量较轻，方便携带出行，如图1-28所示，一般用于手持运动拍摄，也适用于直播、全景摄影、物体追踪拍摄等，对于摄影技术还不成熟的初级人士来说，能大大提高画面质量。如果是技术成熟并且想追求更高画质的用户，则需要根据自身拍摄设备情况来选择合适的相机稳定器，相机稳定器的承重能力更强，如图1-29所示。

　　此外，在拍摄时，为了获得更稳定的拍摄效果，还可以使用滑轨辅助拍摄。

　　滑轨通常与云台、三脚架、补光灯等工具一起搭配使用。运用滑轨辅助拍摄，能够获得匀速、稳定的运镜效果，从而提升画面呈现的质量，如图1-30所示。

图1-28　　　　　　　　图1-29

图1-30

　　在拍摄时，先将稳定器安装在滑轨上，然后把手机放上稳定器，调整好拍摄参数，在拍摄中顺着轨道移动云台，就能够获得稳定的运镜效果。有些滑轨可以通过蓝牙与手机连接来控制稳定器的滑动，这样拍摄更加方便。不过，如果只是拍摄普通的手机视频，不追求运镜效果，考虑到滑轨的价格以及便携性等因素，就不需要购入了。但如果需要更多拍摄视角，以及更炫酷的拍摄效果，那么滑轨是一个很不错的拍摄辅助工具。

1.4　使用补光灯满足拍摄需求

　　补光灯是用来对缺乏光照度的设备进行灯光补偿的工具，在短视频拍摄中常用的摄影补光灯可分为环形补光灯、常亮灯和便携补光灯，其中便携补光灯按形状又可以分为方形补光灯和棒形补光灯。下面一一介绍这几种补光灯，以及常用的补光工具——反光板。

1.4.1　环形补光灯

　　环形补光灯即图1-31所示的环状灯，环形的设计是为了增大光线发射的面积，光照强度可调节，灯光柔和，在人的眼睛里会反映出一个环形的光斑，因此显得人眼特别有神，是美妆博主和带货博主的不二选择，如图1-32所示。环形补光灯的缺点是可控制的光线角度较少，一个光不能解决所有面光问题。

图1-31

图1-32

1.4.2　常亮灯

常亮灯是棚内摄影用的灯光，常与反光板、柔光箱、雷达罩等配件搭配使用，如图1-33所示。这种灯价格较高，专业性较强，在棚内除了拍摄人像之外，还可以拍摄各种静物和小物件等，所以对于布光的要求非常高，适合有扎实基础的专业摄影人士使用。常亮灯的优势是可以利用配件把控光线的方向和角度，精准地把光打在需要表现或突出的位置。在进行拍摄创作时，常与闪光灯配合使用，主要起到引导及把控方向的作用。

图1-33

1.4.3　便携补光灯

在便携式补光灯中，方形补光灯一般比较小巧，打光均匀柔和，如图1-34所示，通常在婚庆摄影、直播，以及珠宝、玩具、装饰品等拍摄工作中使用。这类补光灯支持色温调节，可以满足不同场景下的灯光需求，如图1-35所示。

图1-34

图1-35

此外，市面上大多方形补光灯能自由变换补光灯角度，以实现多角度调节补光，实用性非常强，如图1-36所示。大部分方形补光灯支持三脚架、相机、摄像机等多种加装方式，如图1-37所示。

图1-36

图1-37

相较于环形补光灯，棒形补光灯打光不均匀，容易产生阴影，更适用于局部打光和侧面拍摄时打光，用户可以通过安装挡板的方式来控制光源，达到聚光的目的，如图1-38所示。部分棒形补光灯还具有彩色模式和特效模式，在彩色模式下用户可设置不同的灯光颜色，如图1-39所示；在特效模式下，则可以根据具体场景模拟出适合的光效，达到逼真的布光效果，如雷电、警车、电视、爆炸等灯光效果。

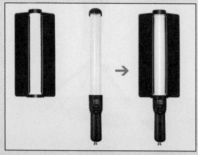

图1-38

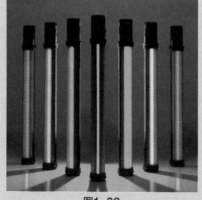

图1-39

1.4.4 反光板

反光板也是一种比较常见的补光工具，如图1-40所示，其工作原理是运用反射光进行补光，因此光质比较柔和，在提升画面亮度的同时，不至于产生深重的阴影，也不会产生尖锐感。由于其轻巧便携，因此比较适合用于室外拍摄补光。

反光板分为硬反光板和软反光板。

硬反光板是一种高度抛光的银色或金色反射光源的平面，在进行室外拍摄时，其反光效果非常出色。但硬反光板的造价较高，因此在进行日常拍摄时，常常使用的还是软反光板。

软反光板的表面不如硬反光板平整，有些还有不规则的纹理，光线照在软反光板发生漫反射，光

源被柔化扩散到更大的区域，这种光非常适合用于拍摄人像时的补光。此外，反光板还有很多颜色，不同颜色的反光板的效用和适用场景也各不相同，需要酌情选用。

图1-40

拍摄时要设计好反光板的摆放位置，使其既能起到较好的补光效果，又不至于被镜头摄入，出现"穿帮镜头"。在进行一些特殊运镜，例如旋转、升降镜头的拍摄时，尤其要注意这一点。

1.5 使用麦克风收录无损音质

麦克风就是话筒，是一种将声音转换成电信号的换能器。麦克风的种类有很多，每一类麦克风都是针对特定场景来使用的，下面介绍短视频制作时常用的一些麦克风设备。

1.5.1 领夹式麦克风

领夹式麦克风分为有线和无线两种类型，其特点是无须手持，且样式小巧轻便，便于隐藏于衣领下方。其中，有线领夹式麦克风可以直接与手机、电脑、摄像机等设备连接使用，如图1-41所示，只需将麦克风的连接线插入设备接口，即可将声音收录进去，如图1-42所示。

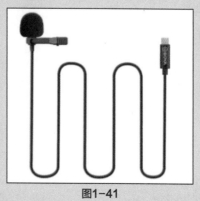

图1-41

图1-42

无线领夹式麦克风主要由发射器和接收机组成，收音范围广（空旷地带100米以内），如图1-43所示，左边为接收机，右边为发射器，发射器用来连接领夹式麦克风，发射音频信号，接收机用来与录制设备连接，接收音频信号，在拍摄时，只需根据设备使用说明将发射器和接收机配对连接，进行频道匹配，匹配成功后即可开始使用。

图1-43

1.5.2　桌面式电容麦克风

桌面式电容麦克风的特点是方便携带、重量轻、降噪效果好且声音清晰，性价比非常高，适用于各大主流应用软件，使用时只需将线的接口与设备连接，如图1-44所示。此类麦克风适合在室内、近距离和安静的环境中使用。

图1-44

1.6　本章小结

作为短视频入门新手，可以在日常的实践和练习中提升并巩固短视频拍摄技术，同时也应具备导演思维，站在观众的立场上去思考：拍什么？怎么拍？怎样才能把视频拍得更有吸引力？

除了必不可少的拍摄设备外，内容也是至关重要的一点，如果内容足够亮眼吸睛，在一定程度上也可以让观众忽略拍摄上的瑕疵。总之，设备与内容相辅相成，高质量的视频内容将专业拍摄设备的优势发挥到极致，精彩的内容也需要靠优秀的前期拍摄来完美展现。

第2章
主题策划，创意才是打动观众的关键

如果技术和设备是创作短视频的必要前提，那么主题策划就是为短视频注入灵魂的存在，一个优秀的短视频策划可以将技术和设备发挥到极致。本章将从三个需求点出发，讲解如何策划优秀且具有创意的主题。

2.1 明确账号定位和内容主题

短视频如今已步入成熟期，市场亦趋于饱和，因此视频内容的规划变得尤为重要。对于短视频创作新手来说，在开始拍摄之前，一定要明确内容主题，将自己要做的事情、要阐述的观点以及要表达的情感确定下来。

2.1.1 定位的意义

为了提高用户黏性，平台会根据各种算法预测用户的偏好，为用户推送其感兴趣的内容。在新用户注册账户时，大部分平台会提供一些兴趣标签，如果用户在这一步勾选了兴趣标签，那么平台就会为用户推送标注了该标签的内容。随着用户对平台的探索加深，平台还会根据用户的偏好和浏览习惯，推送更加符合观众喜好的内容。

在创作前，创作者需要对视频的内容、呈现形式和风格等进行规划，找准方向和定位。最好在同一个领域深耕，不能太过随心所欲，例如，账号最初的定位为美妆，那么后续发布的视频内容最好都与美妆相关，建立垂直领域，这样才能使账号定位更加明确。

定位模糊的账号辨识度不高，既难以受到平台推荐，也很难吸引固定受众，获得稳定流量。一旦账号流量不稳定，账号就很难火起来。只有账号进行了精准定位，平台才能将内容精准地推送给对应领域的观众，账号才有可能获得较为稳定的流量。

2.1.2 找准定位

在给账号定位前，创作者首先需要对制作什么内容进行思考，最好是从自己熟悉且能够持续输出的领域着手。例如，影视后期相关从业人员，可以利用自己在技术上的优势，将账号定位为技术流类型，通过制作特效视频来吸引粉丝；也可以将账号定位为技巧类型，用30秒或1分钟介绍一种易学且实用的软件使用小技巧。

下面介绍当下五个主流创作方向供读者参考。

1. 美食类

常见的美食类视频有烹饪教程、美食探店以及美食Vlog等。教程类视频比较适合餐饮从业人士来做，相比一般人而言，从业者可输出的内容更多、手法更专业、领域更垂直，如图2-1所示。而美食探店类视频则适合喜欢分享的广大美食爱好者，如图2-2所示。美食Vlog的范围更广，创作者可以以Vlog的形式记录烹饪过程，也可以以Vlog的形式记录自己外出用餐的体验，如图2-3所示。

图2-1

美食Vlog比另外两者更加轻松，目的性也没有那么强烈，但也因此容易显得松散。

图2-2

图2-3

如果创作者是一个美食爱好者，想要分享与美食相关的内容，那么在输出内容前，需要先明确自己想以什么风格和形式去呈现视频内容。以同领域内各个博主的视频为参考，思考哪种形式适合自己。如果对美食领域并不熟悉，但又具有强烈的兴趣和行动力，除了前文介绍的几种美食类类型，还可以考虑做一个养成系博主，记录自己的学习过程。

2. 美妆穿搭类

美妆类视频通常分为教学和测评两种类型，教学类视频多由"真人出镜+文字叙述"的形式构成，封面标题或片头就直接介绍了视频所要呈现的主题，如图2-4所示，这一类视频普遍为持续更新的视频，以"变美"这个主题进行持续性创作，并形成一个合集，如图2-5所示。对这方面有需求的观众便会关注此类账号，达到精准吸粉的目的。测评类视频则主要从产品成分说明、效果测评和使用感受三个方面进行阐述。拍摄这类视频，在产品方面通常需要选择当下火爆、流行或口碑两极分化严重的产品，如图2-6所示。所以在做测评类账号时，一定要紧跟时事，关注热点。

还有两种较为常见的类型是仿妆和素人改造。仿妆类视频和测评类视频有一个共同点，那就是需要紧跟潮流。仿妆一般都是模仿当下热度较高的电影或电视剧中的角色，或是广为流传的经典角色，这些角色大众性高，自带热度，把握好机会也能给自身带来流量，如图2-7和图2-8所示；而素人改造类视频本身就是一个很有话题和趣味性的主题，如图2-9所示。

下面介绍五种常见的穿搭类视频，分别是好物分享类、Vlog日常类、穿搭技巧类、素人改造类和质量测评类。

做好物分享类账号必须对时尚潮流足够了解，这类视频通常需要不同的产品来进行展示对比，对创作者的经济方面要求较高，如图2-10所示。Vlog日常类视频以真实为特点，展现自然随性的穿搭风格，视频表现形式多种多样，将主人公的日常生活和不同场景中的穿搭结合在一起，形成有内容且质量高的Vlog式穿搭视频，如图2-11所示。穿搭技巧类视频主打的就是一物多用，用不同的搭配将同样的衣服穿出多种风格，以丰富的展现形式来吸引观众的眼球，给自己带来流量，如图2-12所示。

图2-4　　　　　　　图2-5

图2-6

图2-7

图2-8

图2-9

图2-10

图2-11

图2-12

素人改造类视频以改造前后的巨大反差为看点,激起观众的好奇心,迅速让观众对这款衣服感兴趣并激发购买欲,也能引发观众对账号日后视频内容的持续性关注,如图2-13所示,创作者可以巧妙地在视频中插入广告,达到变现的目的。

质量测评类视频在这个看得见摸不着的网购时代,无疑给消费者减少了"照骗"带来的隐患和担忧,这类视频主要从服装的面料、做工、版型等细节出发,给观众展现同款不同价的服装在质量上的差异,如图2-14所示。

3. Vlog类

Vlog其实不只是短视频,其时长可长、可短,没有明确界限,只是短视频这个大类中的一种。Vlog短视频的局限性小,有丰富的空间供创作者展

示,可以是基本的日常类视频,如图2-15所示。如果是海外党,可以抓住国内外的差异点来拍摄视频,分享给观众,吸引观众的好奇心,如图2-16所示。如果是旅行爱好者,可以将沿途的风景和趣事记录下来,带着观众们来一场"云旅游",如图2-17所示。如同短视频这个名字一样,其精髓在于"短",如何在有限的时间里将内容的精华集结在一起,这就需要创作者花心思去研究了。

4. 情景短剧类

情景短剧多以创意搞笑形式呈现,这是短视频市场的热门表现形式之一。情景短剧的主题内容丰富多样,制作流程简单且贴近生活。有的创作者将这类视频以连续剧的形式来拍摄,深受广大观众的喜欢,如图2-18所示,如果其中一个视频火了,那么整个系列的热度都会相应提高。

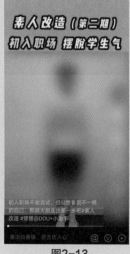

图2-13

图2-14

   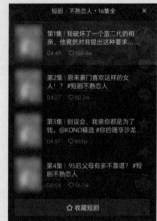

图2-15　　　　　　　图2-16　　　　　　　图2-17　　　　　　　图2-18

5.萌宠类

萌宠类视频是一个自带流量和稳定观看群体的类型，如图2-19和图2-20所示。萌宠类视频的受众大多是养有宠物，或是喜欢小动物，却因个人条件及其他原因无法养宠物的人。这类观众以观看视频的形式开始"云养宠"，并希望通过这种方式来缓解现实生活中的压力。

图2-19　　　　　　　　　图2-20

2.1.3　明确主题

主题是决定短视频能否被广泛传播的重要因素之一。在完成账号的定位后，便要确定具体的拍摄主题，例如账号定位为美食向，就需要思考自己是拍美食中的哪一种。创作者可以在B站、微博、抖音等平台搜索优秀的短视频博主，对他们的视频进行分析和学习，观察他们的主题定位、叙事方法及传达感情的方式，从中获取灵感，并进行学习和尝试。

2.2　短视频文案怎么写

确定好选题后，需要将主题的主要内容详细罗列出来。下面以拟写美食主题短视频的文案剧本为例，讲解文案剧本的写作技巧。

2.2.1　设置一个吸引人的开头

短视频的开头决定了大部分观众是否会继续将视频看下去，平淡无奇的开头往往无法勾起观众观看下去的欲望。视频的开场不妨以疑问句的形式展开，例如"火爆整座城市的XX美食店果真如此吗？"这样的句式既能吸引着相同需求的观众，也能留住没有需求但有好奇心的观众，如图2-21所示。

除了疑问句形式，将主题的精华、高潮部分放在开头先展露一部分，这种"剧透式"的方法也能达到吸引观众的目的，同时还直接体现了视频的主题，如图2-22所示。

图2-21　　　　　　　　　图2-22

2.2.2 抓住大众痛点引发共鸣

关于美食店，大众比较关心的是实物与网上描述的是否一致、店内的卫生情况、服务态度、有无额外收费等方面。这些话题本身自带关注点和热度，因此在写文案时可以围绕这些方面来写，如图2-23和图2-24所示。

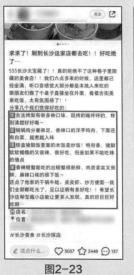

图2-23　　　　　图2-24

2.2.3 将主题与观点相结合

生活中形形色色的人很多，他们或多或少都有过同样的问题或经历，这个时候需要将这些问题进行整理，并找出其中的共性，对它们进行总结，形成一个观点，留下一个互动问题给观众。对于做美食相关内容的创作者来说，在撰写文案时，可以以当下大众关注的饮食安全问题为主题，引发大众对于饮食问题的讨论，然后将所有的观点整合到一起，从中提取大众最为关心的内容，作为第一期视频的结尾，为第二期视频制作留下引子。

2.3　如何创建拍摄脚本

脚本是短视频创作环节必不可少的内容，是进行拍摄及后期处理的依据及蓝图，是演员和创作人员领会导演意图、理解剧本内容，并进行再创作的依据，同时也是视频时长和经费预算的参考。脚本是高效拍摄的前提和基础，完整优秀的脚本不仅能节省拍摄时间、经费等，还能帮助创作者在短时间内拍出自己满意的画面。短视频脚本一般分为拍摄

提纲、分镜头脚本及文学脚本这三种类型，下面进行具体介绍。

2.3.1 拍摄提纲

拍摄提纲是指为某些场面制定，起到提示性作用的拍摄要点，常见于新闻纪录片、故事片，适用于制作人物传记类账号，其他类型的账号则不建议使用该方法。

2.3.2 分镜头脚本

分镜头脚本是将文字转换成用镜头直接表现的画面，包括场景、景别、服装、角度、道具、机位等，下面逐个介绍这些概念。

1. 场景

场景即拍摄的场地、环境，例如书店、大厦、咖啡店等。

2. 景别

景别即镜头拍摄的类别，是被摄主体在画面中所占据的大小和范围，一般可以划分为远景、全景、中景、近景、特写五种类型，如图2-25和图2-26所示。不同的拍摄距离会产生不同的景别，并呈现不同的画面效果和情感表达能力。下面以拍摄人物对象为例，详细介绍五种景别的含义。

图2-25

图2-26

➢ 远景：远景视野广泛，被摄空间范围大，在气势、规模、视野方面的表现力较其他景别更

强。如果将整个人物和背景全部拍进画面中，那么人物在画面中所占面积会很小，如图2-27所示。远景通常用来介绍故事的背景、环境，强调场面的深远，可起到渲染气氛的作用。

图2-27

◎提示·◎

远景可分为大远景和一般远景两类。大远景适用于表现宏伟、壮观的大自然风景，例如辽阔的大草原、璀璨壮丽的极光、重峦叠嶂的高山等，如图2-28所示；一般远景则用来表现较为开阔的空间，画面中出现的人物也只是隐约可见，难以分辨其外貌特征，如图2-29所示。

图2-28

图2-29

全景：全景比远景更近一些，拍摄的主体为人物，可将整个人物都拍进画面中，却又保留一部分人物活动的空间，通过人物的面部表情或行为动作来表现人物的状态，反映人物的内心情感等，如图2-30和图2-31所示。

图2-30

图2-31

◎提示·◎

全景可用于表现人物与环境的关系，展示人物在某个环境空间内所进行的活动，是塑造环境中的人或物的主要手段。如图2-32和图2-33所示，主体人物是一位登山者，摄影师用全景画面描述了登山者在山中驻足停留，并进行拍照这一个活动过程，清楚地介绍了人物动作和周边环境。

图2-32

抖音+剪映+Premiere短视频制作从新手到高手（第2版）

图2-33

放大人物的局部来表现人物的细节动作或表情,如图2-37所示。在以物体为拍摄主体时,通常包含着某种深层内涵,透过物体来映射或揭露本质。如图2-38所示,旋转的陀螺可以象征着时间的流逝,当陀螺停止旋转时,则代表时间停止,进而引出后面要发生的事情。

中景:即拍摄人物膝盖以上的部分,符合一般人的视野,观众能看清人物的面部表情、肢体动作等,如图2-34所示。在中景镜头中,人物在画面中占据的面积较大,而周围环境只展示了一部分,为了凸显主体对象,有时会对背景进行模糊处理,如图2-35所示。

图2-36

图2-34

图2-37   图2-38

3.服装

这里所说的服装,是指根据场景和角色设定搭配的衣服、鞋子、首饰等。如果要拍摄人物在古镇或古风建筑内游玩的视频,那么穿上汉服便能很好地与周围环境相融,不会有突兀感,如图2-39所示。如果拍摄场景是在海边,那么选用泳装、海滩风,或者是颜色鲜艳的服装就更合适。当服装色彩在画面中不够突出时,可以巧妙地搭配与画面色彩反差较大的装饰品(如围巾、帽子等)来突出人物主体,如图2-40所示。

4.角度

角度即拍摄时的镜头角度,一般分为平视、仰视和俯视三种类型,如图2-41所示。

图2-35

近景:即拍摄人物胸部以上的部分,主要用来表现人物的面部表情及神态,如图2-36所示。在近景画面中,背景和环境的展示范围进一步缩小,所展现的空间范围比中景更小,被摄主体在画面中的主导地位更突出。

特写:特写镜头所表现的画面单一,基本看不见周围环境。在以人物为拍摄主体时,通常会

图2-39

图2-40

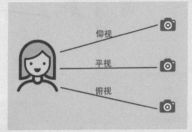

图2-41

平视：在拍摄时，使摄像机高度与人物眼睛的高度保持一致，这是拍摄中常用的拍摄角度，能给人一种自然、平实的感觉，如图2-42所示。

图2-42

> 仰视：从下往上拍摄主体，能使人物形象显得高大，常用来表现人物的主导地位，如图2-43所示。

图2-43

> 俯视：从上往下拍摄主体，视线的重点在人物的头部以上，会使人物显得比较弱小，也不易看清人物面部的表情，如图2-44所示。

图2-44

5.道具

道具是配合人物表现的东西，其种类和玩法众多。在拍摄时要恰当地利用道具，切忌让道具成为多余的存在。如图2-45所示，人物坐在草地上进行野餐活动，此时可以人为地制造一些小泡泡飘浮于空中，并让人物与泡泡进行互动，拍摄出来的画面自然且不单调。

图2-45

6.机位

机位是电影的叙事方式，决定了观众从什么角度看影片的发展。随着机位的变化，所呈现的构图方式和画面效果也不同，机位设置的高低落差则形成了图2-41所示的三种拍摄角度，高机位对应俯视角度，中机位对应平视角度，低机位对应仰视角度。

通过以上知识点的了解和学习，读者可以尝试结合所学，自己创建一个分镜头脚本，在撰写分镜头脚本时可用表格的形式来展示，将镜头顺序、所用景别、运镜方式、时长、内容、声音等一一进行罗列，分镜脚本范例如图2-46所示。

抖音+剪映+Premiere短视频制作从新手到高手（第2版）

镜号	景别	镜头	时长	画面内容	旁白	音效	备注
1	全景	固定镜头	10s	卧室展示	这是XX的房间	XXX	无
2	近景	降镜头	7s	女主正在睡觉	无	鸟叫声	窗帘拉开
3	中景	固定镜头	10s	从床上坐起来	无	无	无
4	特写	固定镜头	3s	揉眼睛	无	无	无

图2-46

2.3.3 文学脚本

相较于拍摄提纲和分镜头脚本，文学脚本基本列出了大部分可控因素的拍摄思路，在时间效率上比较适宜。文学脚本的重点在于呈现镜头拍摄的要求，对于一些直接是画面加表演的，而不需要剧情的视频，可以直接运用这类脚本。

2.4 本章小结

在以"内容为王"的短视频时代，对于短视频初学者来说，策划时一定要明确拍摄主题及中心思想。此外，在策划阶段还需要思考拍摄方案的可行度，以及面对其他可能出现的因素的把控度。策划主题切忌老套、平淡，视频拍摄的最终目的都是为了吸引观众，使视频广泛传播以获取流量。策划不一定要费尽心思去苦思冥想，灵感经常是突然迸现的，在日常生活中想到好的点子时，可以先记录在手机备忘录中，等回到一个适合的创作环境中再进行整理，继续深度挖掘。

第3章
拍摄运镜，拍出酷炫短视频的必学技巧

运镜即运动镜头，通过移动镜头让镜头晃动、运动，从而拍摄出动感画面。随着短视频的风靡与普及，用户对视频画面质量的要求越来越高，一个成功的短视频离不开精良优秀的运镜，本章将介绍一些拍摄短视频时非常实用的运镜技巧。

3.1 实战——使用"推拉镜头"实现无缝转场

推拉镜头由推镜头和拉镜头组成。推镜头是指在拍摄主体不动的情况下，镜头从远逐渐推近，取景范围由大到小，画面所包含的内容由多变少，不必要的部分被推移到画面外，拍摄主体占画面比例逐渐增大。推镜头的作用主要是突出主体，将观众的注意力引到主体上，形成视觉前移，强化视觉感受，给观众一种审视的感觉。推镜头通常带有明确的最终目标，在最终停止的落幅处所摄的对象即为需要强调的主体，主体决定了推进的方向，如图3-1和图3-2所示。

拉镜头是指在主体不动的情况下，镜头由近逐渐拉远，取景范围由小到大，画面所包含的内容由少变多，主体也由大变小，给人一种逐步远离被摄主体的感觉，呈现出的画面从局部到整体，形成视觉后移，原主体视觉形象减弱，环境因素加强，通常用来介绍主体所处的位置和环境，如图3-3和图3-4所示。

图3-2

图3-3

图3-4

图3-1

推镜头拍摄练习

01 首先要确定拍摄的主体对象，在被摄主体位置不变的情况下，将相机镜头向前缓缓推进被摄主体，如图3-5所示。

02 根据与被摄主体之间的距离，把握好前进速度，然后由远及近地将镜头推进，如图3-6和图3-7所示。

扫码看拍摄效果

图3-5

图3-6

图3-7

拉镜头拍摄练习

01 首先要确定拍摄的主体，在被摄主体位置不变的情况下，站在与被摄主体较近的位置，然后将相机镜头推到被摄主体前，如图3-8所示。

扫码看拍摄效果

图3-8

02 根据与被摄主体的距离，把握后退的速度，然后由近及远地将镜头向后拉，如图3-9和图3-10所示。

图3-9

图3-10

使用"推拉镜头"实现无缝转场

01 拍摄推镜头画面，将镜头向前推至极致，使镜头画面为黑色。

02 转换场景，以全黑为镜头开机画面，向后拉镜头，使拍摄主体出现在画面合适位置。

03 将两组镜头组接起来，实现无缝转场，如图3-11～图3-16所示。

图3-11

图3-12

图3-13

图3-14

图3-15

图3-16

3.2 实战——使用"横移镜头" 拍摄人物行走侧面

移镜头是相机跟随主体的运动进行左右移动拍摄。使用移镜头拍摄时，摄影师需要与主体始终保持等距。移镜头的特点是画面会随着镜头移动不断地更新和变化，如图3-17～图3-19所示，

扫码看拍摄手法
演示

这样一来，画面看起来不仅扩大了空间，而且更自由、不局限，背景画面跟随镜头的移动不断变化，

产生一种流动感，给观众身临其境的感觉。

图3-17

图3-18

图3-19

移镜头拍摄练习

01 拍摄者在人物的侧面立定，确定合适的位置和距离，将人物放置在镜头的中心位置，如图3-20和图3-21所示。

扫码看拍摄效果

图3-20

图3-21

02 根据人物行走的速度，拍摄者移动步伐和相机，移动时建议大步平稳地移动，不宜用小碎步移动，因为小碎步移动会加剧镜头抖动。移动时要保持相机与被摄者的距离，切忌让画面在移动过程中出现倾斜，或是与被摄者距离变近/变远等情况，如图3-22和图3-23所示。必要时可以使用滑轨和支架辅助拍摄，使画面更平稳。

图3-22

图3-23

3.3 实战——使用"甩镜头"切换场景拍摄

甩镜头是指从一个画面过渡到另一个画面时，快速移动相机来进行拍摄的一种手法，且前后两个画面的运动方向是一致的，过渡时，画面会呈模糊状态，甩镜头可以造成强烈的视觉冲击感，多用于表现内容的突然过渡，或是爆发性和情绪变化较大的场景。

如图3-24和图3-25所示，这两张图均是从右至左甩动的镜头，在后期编辑时则可以在图3-24从右甩动到中间位置时暂停，把中间甩动至左的这一段镜头删除，然后将图3-25从右甩动到中间位置的这一段镜头删除，保留中间甩动至右的镜头，最后将删减后的两段视频拼接，就能达到甩镜头无缝转场的效果。

图3-24

图3-25

◎提示

在甩镜头时速度不宜过快，方便后期在细节处进行调整。

3.4 实战——使用"跟随镜头"拍摄人物背影

跟随镜头是相机在与主体保持等距的状态下，跟随主体的运动进行移动拍摄，能够给观众营造代入感和空间穿越感，适用于连续表现主体的肢体动作或细节表情等。跟随镜头不仅能够详细且连续地介绍被摄主体的行进速度、情绪状态，又能在移动过程中，将周围的环境一并介绍到位，如图3-26所示。

图3-26

01 拍摄者在人物的背面立定，找准合适的位置和距离，将人物放置在镜头画面的中心位置，如图3-27所示。

跟随镜头效果

图3-27

02 移动时要保持相机与被摄者的距离，步伐保持匀速小步，以此来提高拍摄稳定性，如图3-28和图3-29所示。在必要时可以使用滑轨和支架等工具辅助拍摄。

图3-28

图3-29

3.5 实战——使用"升降镜头"拍摄美食

升镜头和降镜头一般会借助无人机或摇臂摄像机等升降装置来拍摄，通过升降来扩大或缩小画面取景范围，主体从大变小或从小变大，画面从局

部到整体或从整体到局部，能够起到渲染气氛的作用，同时可以展示场面的规模、气势和氛围，如图3-30～图3-32所示。

图3-30

图3-31

图3-32

此外，升降镜头也可以借助稳定器来拍摄，利用前景遮挡来引出拍摄主体，下面在升降镜头拍摄练习中展示拍摄方法。

01 将相机放置在前景遮挡物下方，如图3-33所示。

02 借助稳定器缓慢向上移动拍摄，最后呈现出拍摄主体，如图3-34和图3-35所示。

扫码看升镜头效果

图3-33

抖音+剪映+Premiere短视频制作从新手到高手（第2版）

图3-34

图3-35

3.6 实战——使用"旋转镜头"跟随手势进行拍摄

旋转镜头是在不改变被摄对象位置的情况下，相机围绕被拍摄对象移动拍出呈旋转效果的画面，如图3-36所示，利用稳定器拍摄旋转镜头时，可以手持稳定器快速做超过360°的旋转拍摄，以实现旋转镜头的效果。

图3-36

旋转镜头拍摄练习

01 在被摄主体的正面找准合适的位置和距离作为旋转起始点，并将主体放置在镜头的中心位置，如图3-37所示。

02 匀速向右运动，旋转360°回到起始点，旋转时要保持相机与被摄主体的

扫码看旋转镜头效果

距离，步伐保持匀速小步，以此提高稳定性，如图3-38和图3-39所示。

图3-37

图3-38

图3-39

3.7 实战——使用"蚂蚁镜头"拍摄人物步伐

蚂蚁镜头即低角度运镜，低角度运镜是通过模拟宠物视角，使镜头以低角度甚至是贴近地面的角度进行拍摄。越贴近地面，所呈现的空间感越强烈，最常见的是拍摄人物前进的步伐。

低角度拍摄分为固定拍摄和跟随拍摄两种类型，固定拍摄即原地拍摄，镜头不跟随被摄主体移动。如图3-40～图3-42所示，可以看到画面中人物的脚步离镜头越来越远。

跟随拍摄即镜头跟随被摄主体的移动而移动。如图3-43～图3-45所示，画面中镜头和人物的脚步始终保持等距。

图3-40

图3-41

图3-42

图3-43

图3-44

图3-45

01 手持相机在接近地面的位置，与被摄主体保持合适的距离，将被摄主体放在镜头的中心位置，如图3-46所示。

扫码看拍摄手法
演示

图3-46

02 开始拍摄后，保持相机平衡，跟随被摄主体向前移动，如图3-47和图3-48所示。

图3-47

图3-48

3.8 实战——使用"摇镜头"展示全景

摇镜头是指在相机位置不移动的情况下，镜头跟随主体的移动进行左右或上下移动拍摄，如图3-49所示，通常在无法使用单个镜头呈现完整画面的情况下使用。

◎提示

移动镜头时速度不宜过快，不能没有目的地随意摇动，否则会导致画面模糊，易产生眩晕感。

抖音+剪映+Premiere短视频制作从新手到高手（第2版）

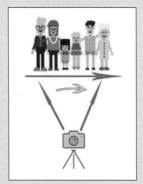

图3-49

摇镜头拍摄练习

01 左右摇镜头拍摄。

　　左右摇镜头相当于拍摄者的眼睛，镜头拍摄时随人物视线的移动而移动，可以起到描述空间环境的作用。拍摄前先确定好左右摇镜头的方向，然后从右到左进行拍摄。将镜头对准拍摄起始点，如图3-50所示，然后从右至左匀速移动相机至结束点，如图3-51和图3-52所示。

扫码看教学视频

图3-50

图3-51

图3-52

02 上下摇镜头拍摄。

　　上下摇镜头一般用来拍摄高大宏伟的物体，例如高山、大厦、教堂等，能够让人产生一种压迫、敬畏的感觉。拍摄前先确定好上下摇镜头的方向，例如从下往上进行拍摄，将镜头对准教堂的下方，如图3-53所示，然后从下至上匀速移动相机至上方结束点，如图3-54和图3-55所示。

扫码看上下摇镜头效果

图3-53

图3-54

图3-55

3.9　本章小结

　　平时刷视频时看到的复杂画面，大多是由基础的镜头组合而成，拍摄镜头的方式很少，但人的思维运作方式很多。因此用户在拍摄视频时，不应被镜头所束缚，镜头只是用来叙事的手段，没有对错之分，在拍摄中多尝试、多挑战，拍出合适的镜头才是最好的镜头。

第4章
抖音APP，拍摄加工一气呵成

抖音是当下热门的创意短视频社交软件，该软件具备全面的功能及丰富多样的玩法，可以帮助用户在日常生活中轻松快速地产出优质短视频。使用抖音时，用户可以在曲库中选择心仪的歌曲，搭配制作的视频内容，生成自己的专属作品并进行分享，同时也可以通过抖音社交圈结识到更多的朋友。

4.1 抖音APP功能及界面速览

想要玩转一个新平台，就得先了解和熟悉其功能及界面，掌握其功能并将其充分利用到自己的作品中，才能玩出好看的数据。下面介绍抖音APP的功能及界面。

4.1.1 抖音APP简介

抖音APP是一款创意短视频社交软件，是一个面向全年龄段用户的短视频社区。在手机应用商店搜索"抖音"，即可下载，其图标如图4-1所示。用户可以在这款软件中选择歌曲，拍摄、制作以及分享短视频。抖音也会根据用户的喜好，向用户推送其可能喜欢的视频。用户通过抖音APP可以分享生活，也能结识来自四面八方的朋友，了解各行各业的奇闻趣事。

图4-1

4.1.2 抖音APP的主要功能

抖音是一个集结玩家和创作者的平台，用户既可以是娱乐消遣的玩家，也可以是发布视频的创作者。抖音与小咖秀类似，同为带对嘴型表演功能

的短视频APP，不同的是，抖音的后期创作能力更强，除了制作特定的表演视频外，用户还可以自定义拍摄内容，并对拍摄的视频进行自定义编辑。抖音还为用户提供了丰富的内置特效，使用这些特效能让视频变得更具创造性，不再局限于简单的对嘴型表演。

抖音最初以年轻用户为主，平台配乐以电音、舞曲为主，视频主要分为舞蹈派和创意派，两者的共同特点是都具备较强的节奏感。有少数放着抒情音乐、展示咖啡拉花技巧的用户，成了抖音圈的一股清流，如图4-2和图4-3所示。也有一部分猎奇心极重的用户，将科学冷知识带入了抖音圈，如图4-4所示。而随着短视频成为潮流，各个年龄阶段、各个领域圈层的人都涌入了抖音，极大地丰富了抖音的用户和内容的构成，绝大部分人都能够在抖音上找到自己感兴趣的内容。

图4-2　　　　　　　　图4-3

图4-4

4.1.3 抖音APP的功能界面

启动抖音APP，在主界面中可以看到底部的五个功能按钮，分别为"首页""朋友""拍摄"消息"和"我"；顶部有七个功能按钮，分别是"更多""同城""探索""关注""商城""推荐"和"搜索Q"，如图4-5所示。下面详细介绍各个功能按钮对应的板块及功能。

图4-5

1. 首页

"首页"即进入抖音后显示的第一个画面，该界面推送的内容通常是抖音官方根据用户的兴趣爱好推荐的同类型视频，用户可以对喜欢的视频进行点赞、评论或转发等操作。

2. 朋友

"朋友"界面是官方基于用户的基本信息所推送的内容，信息来源主要有三个：一是用户或其他人上传的通讯录，二是用户的粉丝或用户关注的人，三是与用户有共同朋友关系的人。如果用户不希望被系统推荐，可以在"隐私"中进行设置。

3. 拍摄

在主页点击"拍摄"按钮后，可以进入视频拍摄界面，在这里用户可以自由设置拍摄模式及各项参数，如图4-6所示。

图4-6

4. 消息

用户在"消息"界面可以浏览不同类型的提醒消息，当被其他用户关注时，会在"新朋友"栏中进行提醒；"互动消息"栏中则收集了用户的被"赞""@我的"和"评论"消息；"活动通知"和"系统通知"均为抖音官方号，通常用来提醒用户最近的活动、新玩法等，如图4-7所示。点击顶部的按钮，还能发布"抖音时刻"，与抖音好友分享此时此刻的心情，如图4-8所示。

图4-7

图4-8

5.我

"我"顾名思义就是用户的个人主页,主要由抖音号、昵称、头像和背景等基本信息构成,用户可以在该界面编辑个人资料,浏览个人作品、动态,以及点赞的内容和相册,并能随时随地查看自己的粉丝、关注和获赞数,如图4-9所示。

图4-9

6.更多

在"首页"界面点击顶部的"更多"按钮 ,会弹出一个浮窗,浮窗中有五个功能按钮,分别是"拍日常""发图文""写文字""扫一扫"和"添加朋友",如图4-10所示。点击"拍日常"按钮 ,可以进入视频拍摄界面;点击"发图文"按钮 ,可以添加本地图片,发布图文日常;点击"写文字"按钮 ,可以发布纯文字内容;点击"扫一扫"按钮 ,即可弹出二维码扫描界面;点击"添加朋友"按钮 ,即可通过多种方式添加抖音好友。

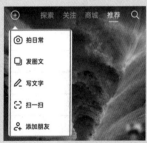

图4-10

7.同城

用户在开启位置权限后,即可查看同城其他用户发布的内容。

8.探索

抖音会根据用户的喜好,在"探索"界面向用户推送可能感兴趣的图文内容。

9.关注

在"关注"界面用户可查看自己所关注账号发布的内容。

10.商城

"商城"是抖音的内置购物中心,用户可以在此购买心仪的商品,或开设自己的抖音小店。

11.推荐

抖音会根据用户的喜好,在"推荐"界面推送用户可能会喜欢的视频内容。

12.搜索

"搜索"界面由搜索栏、推荐搜索和抖音榜单组成,用户在搜索栏中可以输入想了解的内容关键词,官方将根据用户的搜索喜好为用户列出推荐搜索词。抖音榜单汇集了最近的热门内容,用户可以通过榜单了解近期热点,为自己的内容找寻灵感,如图4-11所示。

图4-11

4.2 实战——使用"翻转"功能切换拍摄场景

本节将使用抖音的翻转功能来拍摄两种不同视角的视频,这一操作方法可以节省用户后期编辑的时间。具体操作方法如下。

01 打开抖音APP,在主界面点击"拍摄"按钮 ,进入拍摄界面,在右侧工具栏中点击"翻转"按钮 ,如图4-12所示。

02 此时可以自由切换前置或后置摄像头，前置摄像头多用于自拍，如图4-13所示，后置摄像头多用于拍摄他人或风景，如图4-14所示。

图4-12

图4-13

图4-14

4.3 实战——运用"快慢速"功能拍摄特效视频

在影视后期制作中，常常会对视频素材进行变速处理，放慢速度有助于展示动作细节，而加快速度则有助于表现节奏。本节将使用抖音的快慢速功能来拍摄一段柠檬掉进水里的慢动作视频，具体操作方法如下。

01 打开抖音APP，在拍摄界面的右侧工具栏中点击 按钮展开工具栏，然后再点击"快慢速"按钮 ，可以看到抖音为用户提供了"极慢""慢""标准""快"和"极快"五种拍摄速度，如图4-15所示。

02 选择"极慢"模式后，点击"开始拍摄"按钮 开始拍摄，如图4-16所示，因为是极慢拍摄，所以拍摄计时的速度会比正常速度快。在柠檬掉进水里后停止拍摄，如图4-17所示。

图4-15

图4-16

图4-17

03 拍摄完成后，会自动进入编辑界面。在编辑界面点击右侧的 **>** 按钮，展开工具栏，在工具栏中点击"特效"按钮 **✕**，如图4-18所示，进入特效添加界面。

04 在特效添加界面选择"时间"选项，点击"时光倒流"效果，此时播放视频可以看到视频变成了倒放效果，呈现出一种柠檬从水中弹出的效果，如图4-19和图4-20所示。

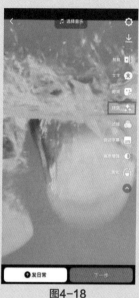
图4-18

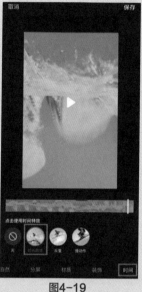
图4-19

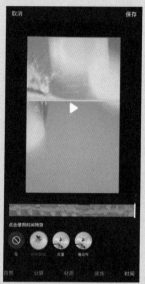
图4-20

05 取消选择"时光倒流"效果，点击"慢动作"效果，此时播放视频可以看到画面效果变得更慢了，如图4-21所示。

06 完成操作后，点击右上角的"保存"按钮回到编辑界面，点击"下一步"按钮，进入发布界面。如图4-22所示，完成文案、权限等基本设置后，点击"发布"按钮 **✕**，即可将视频上传至抖音平台。

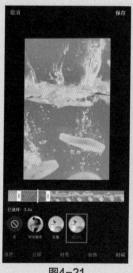
图4-21

图4-22

4.4 实战——运用"分段拍"功能拍摄多个场景

抖音的分段拍摄功能可以让用户将所需的不同场景一次性拍摄完，且由于是同一设备、同一时段所拍摄的，还有助于统一视频的画幅比例，使视频的转场变化显得更平滑，免去后期组合的烦琐步骤。

> ◎提示
>
> 视频通常为横画幅或竖画幅，如图4-23所示。横画幅常用于电影、电视剧以及长视频，而竖画幅常用于短视频。视频比例则是画幅的长宽比，常见的视频比例有4:3、16:9、9:16等，如图4-24所示。抖音等短视频平台较为常见的是比例为9:16的竖画幅视频，因为这一设置比较符合手机用户的使用习惯。

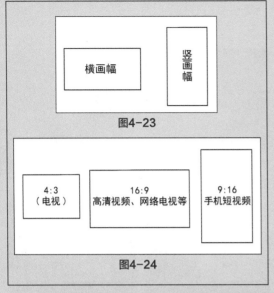

图4-23

图4-24

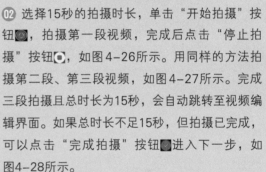

图4-25

本节将使用抖音的分段拍功能来拍摄一段视频，具体操作方法如下。

01 打开抖音APP，在主界面点击"拍摄"按钮，接着在底部工具栏中点击"分段拍"按钮，有三种拍摄时长可供选择，分别是3分钟、60秒、15秒，如图4-25所示。

◉提示•

这三种拍摄时长表示进行分段拍摄时的最大时长。如果选择15秒，那么在进行分段拍摄时，所有视频片段加起来的时长不能超过15秒；如果选择60秒，那么分段拍摄的视频总时长不能超过60秒。

02 选择15秒的拍摄时长，单击"开始拍摄"按钮，拍摄第一段视频，完成后点击"停止拍摄"按钮，如图4-26所示。用同样的方法拍摄第二段、第三段视频，如图4-27所示。完成三段拍摄且总时长为15秒，会自动跳转至视频编辑界面。如果总时长不足15秒，但拍摄已完成，可以点击"完成拍摄"按钮进入下一步，如图4-28所示。

03 进入视频编辑界面，界面右侧有多种不同的功能可供选择，如图4-29所示。完成所有操作后，即可点击"下一步"按钮，进入发布界面。

04 根据需求完成文案、话题、封面等内容的设置，点击"发布"按钮，即可将视频发布至抖音平台，如图4-30所示。

图4-26

图4-27

图4-28

图4-29

图4-30

调到最高，食物的颜色也随之变得更鲜艳，如图4-34所示。

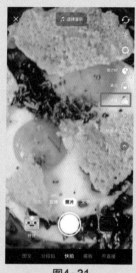

图4-31

图4-32

4.5 实战——使用"滤镜"功能拍摄美食素材

使用抖音拍摄视频，可以在拍摄前根据实际情景直接选取合适滤镜，也可以在拍摄完成后再为视频添加滤镜。本节将使用抖音的滤镜功能来拍摄美食素材，下面介绍详细操作方法。

01 打开抖音APP，在主界面点击"拍摄"按钮[图]，进入拍摄界面，在拍摄界面的右侧工具栏中点击[图]按钮展开工具栏，然后再点击"滤镜"按钮[图]，如图 4-31所示。抖音的滤镜库为用户提供了人像、风景、美食等不同种类的滤镜，其中"美食"类别包含"料理""深夜食堂""气泡水"这三种不同风格的滤镜，如图 4-32 所示。

◎提示◦

　　拍摄美食时建议使用美食分类中的滤镜，但如果其他滤镜更为适合也可以自行选用，保持画面美观即可。

02 选择"料理"滤镜，向左拖动滑块，将数值调至20，可以发现滤镜强度降低，如图 4-33所示；向右拖动滑块，将数值调至100，滤镜强度

图4-33

图4-34

03 点击画面中的任意位置回到拍摄界面，然后点击"拍摄"按钮开始拍摄食物。拍摄完成后，自动进入编辑界面，点击右侧工具栏中的"贴纸"按钮[图]，如图4-35所示，进入贴纸库。

04 在贴纸库中搜索符合视频内容的贴纸，如图 4-36所示，点击该贴纸，将其添加至画面，并对其位置和大小进行调整，如图 4-37所示。

05 完成所有操作后，点击"下一步"按钮，进入发布界面。设置相应选项，进行内容发布。

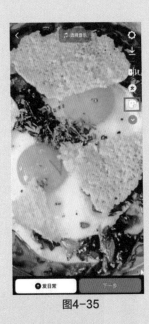
图4-35

图4-36

图4-37

4.6 实战——使用"倒计时"功能拍摄视频

本节将介绍抖音的倒计时拍摄功能，该功能为用户提供充足的拍摄反应时间，是拍摄时必不可少的一项功能。下面介绍该功能的具体使用方法。

① 打开抖音APP，点击"拍摄"按钮 📷，进入拍摄界面，点击右侧工具栏中的"倒计时"按钮 ⏱，如图4-38所示。完成操作后进入倒计时拍摄界面，用户可选择3s或10s倒计时。

② 拖动时间轴上的定位线可以改变视频拍摄的时长，如果将定位线拖至10s处，则拍摄到第10秒时将自动停止拍摄。完成倒计时拍摄设置后，点击"倒计时拍摄"按钮，即可开始拍摄，如图4-39所示。

③ 如果用户选择3s倒计时进行拍摄，开始拍摄后画面中会显示数字倒计时，如图4-40～图4-42所示。如果用户选择10s倒计时，倒计时效果如图4-43所示。在倒计时开始后，用户可以进行拍摄准备，对拍摄方向和画面构图等进行最后的调节。

图4-38

图4-39

图4-40

图4-41

图4-42

图4-43

04 拍摄完成后，自动进入编辑界面，如图4-44所示。点击右侧工具栏中的"滤镜"按钮![]，在滤镜库中任意选择一个滤镜，拖动滑块，将滤镜强度设置为100，增强画面表现效果，如图4-45所示。为视频添加完滤镜后，点击画面任意位置即可回到编辑界面。

05 点击"选择音乐"按钮，在音乐库中选择添加一首合适的背景音乐，如图4-46所示。

06 完成所有操作后，点击"下一步"按钮进入发布界面，在输入框内添加与视频相符合的话题和文字，有利于提高视频的曝光度。完成封面、权限等设置后，点击"发布"按钮![]，即可将视频上传至抖音，如图4-47所示。

图4-44

图4-45

图4-46

图4-47

4.7 实战——使用"美化"功能对人物进行美化

当所拍摄的主要对象是人物时，可以使用抖音的美化功能使画面中人物的状态显得更好。本节将使用抖音的美化功能对视频中的人物进行美化，具体操作方法如下。

01 打开抖音APP，在主界面点击"拍摄"按钮![]，进入拍摄界面，点击"美化"按钮![]，如图4-48所示。

02 进入美化界面，可以对人物进行"美颜""风格妆"和"美体"调整。其中，美颜效果包括四种模式：原生模式、经典模式、男神模式、女神模式，如图4-49所示；风格妆效果则能改善画面的整体氛围，包含甜酷、质感、神颜等效果，如图4-50所示；美体效果可以对人物的形体进行调整，既可以选择一键美体，也选可以分开对人物进行瘦身、瘦腰等，如图4-51所示。

03 选择合适的项目对人物状态进行调整，完成调整后的画面效果如图4-52～图4-54所示。

图4-48

图4-49

图4-50

图4-51

图4-52

图4-53

图4-54

4.8 实战——使用"特效"功能 拍摄柠檬头吐槽视频

抖音的素材库为用户提供了丰富的特殊效果，能够使用户发挥自己的想象力制作充满趣味的视频。本节将使用抖音特效库中的"万物五官"效果，来制作一个时下火热的柠檬头吐槽视频，具体操作方法如下。

01 打开抖音APP，点击"拍摄"按钮，进入拍摄界面，然后点击左下方的"特效"按钮，如图4-55所示，进入特效库。

02 在特效库中，可以看到平台提供了氛围、美妆、扮演、新奇等不同类型的特殊效果，点击"热门"按钮，可以查看近期比较热门的特效，如图4-56所示。

图4-55

图4-56

03 选择"万物五官"特效，摄像头自动翻转为前置摄像头，画面中出现柠檬背景和用户的五官，如图4-57所示。接着点击画面任意位置，进入拍摄界面，可以对五官的位置和大小进行调整，如图4-58所示。

图4-57

图4-58

04 打开右侧工具栏中的录音按钮■，按下拍摄按钮○，即可开始拍摄视频，如图4-59所示。

05 拍摄结束后，进入编辑界面。点击右侧工具栏中的"特效"按钮■，如图4-60所示，可以继续为视频添加画面特效。

06 在特效添加界面选择"转场"分类中的"变清晰"效果，如图4-61所示。

07 添加转场后的效果如图4-62和图4-63所示，可以看到画面从模糊逐渐变清晰。

图4-59

图4-60

图4-61

图4-62

图4-63

4.9 实战——在抖音中上传相册中的视频

本节将介绍抖音的视频上传功能，用户可以将手机相册中提前拍摄好的视频直接上传至抖音进行

后期处理，完成编辑后可以将视频直接发布至抖音。具体操作方法如下。

01 打开抖音APP，点击"拍摄"按钮■，进入拍摄界面，然后点击"相册"按钮，如图4-64所示。抖音中可以同时上传不同

扫码看教学视频

类型的素材，可以是图片和视频混合的素材，如图4-65所示；也可以是纯视频素材，如图4-66所示；还可以是纯图片素材，如图4-67所示。点击上方的"全部""视频""图片"按钮，可以快速切换类型，进行选择。

02 在相册中选择两段视频，点击右下角"下一步"按钮，进入编辑界面。点击右侧工具栏中的"剪裁"按钮■，如图4-68所示，进入裁剪界面。可以对视频片段进行分割、变速、旋转、倒放等处理，如图4-69所示。

03 选中第一段视频素材，点击底部的"变速"按钮■，可以在弹出的浮窗中调整视频的速度，

如图4-70所示。移动滑块至1.5x位置，使该素材的播放速度变为原来的1.5倍。点击左下角"应用到全部"按钮，使所有素材的播放速度都变为原来的1.5倍，如图4-71所示。点击按钮，保存操作。

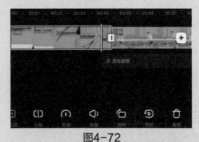

图4-70

图4-71

04 点击两段素材中间的按钮，如图4-72所示，可以为素材添加转场效果。在弹出的浮窗中选择一个合适的转场效果，例如"镜像翻转"，如图4-73所示。点击按钮，保存操作。

图4-72

图4-73

◎提示·◦

如果有两段以上的素材，可以点击"应用到全部"按钮，为所有素材加上相同的转场效果。

05 两段素材间的转场效果如图4-74～图4-78所示。

06 点击右上角的"保存"按钮回到编辑界面，在这里可以继续为视频添加其他效果，如

图4-64　　　　图4-65

图4-66　　　　图4-67

图4-68　　　　图4-69

图4-79所示。点击"下一步"按钮进入发布界面。设置相应选项，点击"发布"按钮，如图4-80所示，即可将内容发布至抖音。

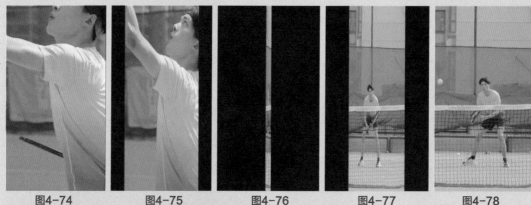

图4-74　　　　　图4-75　　　　　图4-76　　　　　图4-77　　　　　图4-78

图4-79　　　　　　图4-80

4.10 实战——在抖音中为视频添加背景音乐

下面讲解在抖音中为视频添加背景音乐的操作方法。

扫码看教学视频

01 打开抖音APP，点击"拍摄"按钮，进入拍摄界面，拍摄一段视频，或在相册中选择需要添加背景音乐的视频素材。进入编辑界面，点击顶部的"选择音乐"按钮，如图4-81所示，进入音乐选择界面。

02 音乐选择界面有"推荐""收藏""用过"三个选项，"推荐"中的歌曲是抖音根据视频画面向用户推荐的音乐，选择任意一首歌曲，歌曲右侧会出现三个按钮，如图4-82所示。其中，为"歌词显示"按钮，用户可以启用该按钮使音乐中的歌词显示在画面中；为"片段截取"按钮，用来截取音乐中的某一段；为"收藏"按钮，用户选择歌曲后点击该按钮即可将歌曲收藏。收藏的歌曲可在"收藏"选项中查看，以往使用过的音乐可以在"用过"选项中查看。

图4-81　　　　　　图4-82

提示

只有选择支持歌词显示的音乐，右侧才会出现"歌词显示"按钮。如果是不支持歌词显示的音乐，可以使用"自动字幕"功能制作歌词字幕，此项功能的使用方法将在4.15节进行详细说明。

03 在平台推荐的歌曲中选择一首，或点击"搜索"按钮 🔍，进入搜索界面，如图4-83所示。在搜索界面的文字输入栏中输入音乐名称进行搜索，或点击"发现更多音乐"按钮进入音乐库选择一首合适的背景音乐。

04 进入音乐库后，在"发现"界面可以看到抖音推荐的歌曲、多种类别和近期流行的歌曲，如图4-84所示；在"收藏"界面，可以查看用户在抖音中收藏的歌曲，如图4-85所示。在"本地"界面，开启权限后可以导入本地音乐，或提取本地视频中的音频，如图4-86所示。

图4-83　　　　　　图4-84

图4-85　　　　　　图4-86

05 完成歌曲的选择后，点击"片段截取"按钮 ✂️，根据需求选取合适的片段对音乐进行裁剪，如图4-87所示，裁剪完成后，点击 ✅ 按钮，回

到音乐添加界面。

06 取消选中"视频原声"单选按钮，取消原声，然后点击"歌词显示"按钮 圆 启用歌词，此时画面中将会出现歌词字幕，如图4-88所示。

图4-87　　　　　　图4-88

07 点击文字，进入文字样式编辑界面，选择"卡拉OK"样式，将画面中的文字移动至合适的位置，如图4-89所示。点击"调色盘"按钮 ⭕，可以修改字体颜色，如图4-90所示。

图4-89　　　　　　图4-90

08 完成操作后，点击画面任意一处返回编辑界面，然后点击"下一步"按钮，如图4-91所示，进入发布界面。

09 在发布界面设置好文案、封面、权限等内容后，点击"发布"按钮 🔥，即可将视频上传至抖音平台，如图4-92所示。

图4-91　　　　　　　　　图4-92

图4-94

图4-95

02 完成操作后，画面效果如图4-96和图4-97所示，可以看到画面前半段出现彩色爱心效果，后半段出现烟花效果。

4.11　实战——为视频添加特效

抖音为用户提供了数百种不同的视频特效，使用方法非常简单，下面进行详细讲解。

扫码看教学视频

01 将视频添加至编辑界面后，点击"特效"按钮 ，如图4-93所示。在特效库中长按"梦幻"中的"彩色爱心"效果，为人物转头前的片段添加"彩色爱心"效果，如图4-94所示。长按"烟花"效果，为余下片段添加"烟花"效果，如图4-95所示。

图4-93

图4-96　　　　　　　图4-97

4.12　实战——为视频添加文字效果

用户在拍摄或添加视频素材后，可添加文字来丰富视频画面，下面介绍添加文字的具体操作。

扫码看教学视频

01 将视频素材导入抖音，进入编辑界面后，直接点击画面，或点击右侧工具栏中的"文字"按钮 ，进入文字编辑界面，如图4-98所示。

02 在文本栏中输入需要添加的文字，在文字下方可以设置文字字体，如图4-99所示。点击字体右侧的 @ 按钮和 # 按钮，可以在文本中添加对象或话题，如图4-100所示。

抖音+剪映+Premiere短视频制作从新手到高手（第2版）

图4-98　　　　　　　　　图4-99　　　　　　　　　图4-100

03 往下滑动右侧滑块可以缩小文字，向上滑动可以放大文字，如图4-101所示。点击上方的 ☰ 按钮，可以设置文字的对齐模式。点击调色盘按钮 ⬤，可以设置文字颜色，如图4-102所示。

根据浮窗中的选项，可以进行添加文本朗读效果、设置持续时长、继续编辑文字等操作。

图4-101　　　　　　　　　图4-102

04 点击 🅱 按钮，可以给文字加上描边或背景，如图4-103所示。点击 🗣 按钮，可以选择音色朗读文本内容，如图4-104所示。点击"完成"按钮 ✔，返回文字编辑界面。

图4-105　　　　　　　　　图4-106

06 完成操作后，得到的最终效果如图4-107所示。

图4-103　　　　　　　　　图4-104

05 在文字编辑界面点击右上角的"完成"按钮，回到视频编辑界面。在视频编辑界面将文字移动至合适的位置，如图4-105所示。长按文字，将会弹出一个选择浮窗，如图4-106所示。

图4-107

4.13 实战——在画面中添加贴纸

抖音为用户提供了几百种不同的贴纸，添加贴纸至视频画面，不仅可以丰富画面，还能增添视频的趣味性。

扫码看教学视频

01 将视频素材导入抖音，进入编辑界面后，点击"贴纸"按钮 📷。进入贴纸库后可以看到"表情""复古""综艺""挡脸"等分类。在"热门"分类下，还能导入自定义贴纸，搜索贴纸，添加歌词、投票、位置，等等，如图4-108所示。

02 选择好贴纸，回到视频编辑界面。在视频编辑界面选中贴纸，可以对贴纸进行缩放处理，移动贴纸将其放置在合适的位置，如图4-109所示。

> ◎提示·◦
>
> 一次只能添加一张贴纸。

图4-108　　　　　　图4-109

03 点击贴纸图像，在弹出的浮窗中点击"设置时长"按钮，可以设置贴纸的持续时长，如图4-110和图4-111所示。点击✅按钮，即可保存操作，返回视频编辑界面。

图4-110　　　　　　图4-111

04 完成操作后，得到的最终效果如图4-112所示。

图4-112

4.14　实战——对视频原声进行变声处理

变声功能会识别视频中的声音（语音），并将声音转换为用户指定的变声音效，下面讲解变声功能的具体应用。

扫码看教学视频

01 将视频素材添加至编辑界面后，右侧工具栏中将显示"变声"按钮 🎚️，如图4-113所示。

> ◎提示·◦
>
> 如果视频本身没有声音则右侧工具栏中不会显示"变声"按钮 🎚️。

02 在变声音效库中包含花栗鼠、小哥哥等十二种声音特效，如图4-114所示。点击选择一种合适的变声音效，即可获得变声效果。

图4-113　　　　　　图4-114

03 点击画面任意处，返回视频编辑界面，点击"下一步"按钮，进入发布界面，填写各项信息后，发布视频。

4.15 实战——使用"自动字幕"功能快速生成字幕

　　本节将介绍抖音中"自动字幕"功能的使用方法，该功能可以自动识别视频中人物的声音，并将其转换为字幕。具体操作方法如下。

扫码看教学视频

01 将视频素材添加至编辑界面后，点击"自动字幕"按钮 □，如图4-115所示，软件会自动开始识别视频中出现的人声，如图4-116所示。

> ◎提示·◦
>
> 　　自动字幕功能支持普通话原声和歌词识别，使用清晰人声识别率更高。

02 识别完成后，将自动生成字幕，用户可以修改字幕中不准确的部分，或进行文字样式选择等操作，如图4-117所示。

| 图4-115 | 图4-116 | 图4-117 |

03 如果字幕有错误，可点击"字幕编辑"按钮 ✎，将错误的字幕修正，点击 ✔ 按钮，即可保存修改，如图4-118所示。

04 点击"样式"按钮 ▣，可以修改字体、设置文字颜色，如图4-119所示。点击 ✔ 按钮，即可保存设置。

05 点击右上角的"保存"按钮，返回视频编辑界面。可以在画面中移动字幕的位置，或对其进行缩放处理，如图4-120所示。完成操作后，点击"下一步"按钮进入发布界面，设置相应选项并进行内容发布。

| 图4-118 | 图4-119 | 图4-120 |

4.16 实战——使用模板一键成片

本节将介绍抖音的模板功能，用户可以将自己拍摄好的视频套入带有特效、背景音乐和文字的模板中，快速生成视频。具体操作方法如下。

扫码看教学视频

01 打开抖音APP，点击"拍摄"按钮 ⊕，进入拍摄界面，在底部点击"模板"按钮，进入模板库，抖音为用户提供了"旅行""电影感""情感"等多种类型的模板，如图4-121所示。

02 点击选择一个合适的模板，可以预览完整的模板效果，点击右上角的 ☆ 按钮可以收藏该模板，还可以看到使用该模板所需的素材数量。如图4-122所示，此模板需要用到4个图片或视频素材。

图4-121　　　　　　　图4-122

03 点击"选择照片"按钮 ▣，即可进入素材添加界面。选取四段素材，然后点击"下一步"按钮，如图4-123所示。视频合成后，将会自动跳转至视频编辑界面，用户可以在此预览视频效果。

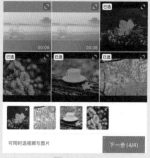

图4-123

04 如果对素材或文字内容不满意，可以点击右侧工具栏中的"换素材"按钮 ▣，进入素材编辑界面，如图4-124和图4-125所示。

图4-124　　　　　　　图4-125

05 点击素材缩略图，即可进入图片编辑界面，点击"更换素材"按钮，进行素材更换操作，如图4-126所示。操作完成后，点击 ✓ 按钮，即可保存。而点击"文字编辑"按钮 ✎，即可进入文字编辑界面，如图4-127所示。在此可以修改模板中的文字内容，完成操作后，点击 ✓ 按钮，即可保存。

◎提示·◦

　　只能更改模板文字内容，文字的位置和大小不可修改。

图4-126　　　　　　　图4-127

抖音+剪映+Premiere短视频制作从新手到高手（第2版）

06 完成后的最终效果如图4-128~图4-130所示，开场以帷幕拉开的形式呈现，然后歌词配合画面一起出现。

图4-128

图4-129

图4-130

提示·

如果没有找到合适的模板，也可以试试"一键成片"功能。在模板库中点击"一键成片"按钮，如图4-131所示。在素材选择界面同样选择四段素材，抖音会根据素材内容自动生成一段视频，如图4-132所示。

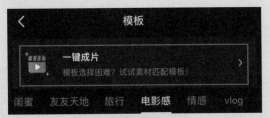
图4-131

图4-132

使用一键成片功能生成的视频效果如图4-133~图4-135所示。

图4-133

图4-134

图4-135

4.17 本章小结

作为短视频的创作者，除了要具备优秀的前期拍摄技术为视频作品打下稳固基础，更需要掌握后期处理技术，丰富视频作品的画面，此外还要熟悉平台调性，了解观众喜好。抖音操作简单，花样繁多，用户不仅可以通过浏览他人视频进行学习，还可以随时拍摄或使用手中素材学以致用，在制作完成以后还能一键发布，等待观众反馈。可以说，熟悉了抖音的使用方法，就基本上清楚了短视频的拍摄、制作以及发布的整个流程。

02

03

04

第4章 抖音APP，拍摄加工一气呵成

05

06

07

08

09

10

11

12

第5章
剪映APP，手机也能完成大片制作

短视频越来越火爆，创作者除了要掌握前期策划拍摄，还需要学习后期处理。作为没有基础的剪辑新手，该如何对视频进行优化处理成了大多数人所面临的难题。本章将介绍视频优化处理的方法，教用户如何利用剪映APP简单迅速地制作出高质量的作品。

5.1 剪映APP功能及界面速览

在使用剪映APP之前，先来认识和熟悉其功能及界面，并在实践练习中掌握这些功能，将它们充分利用到自己的作品中。下面简单介绍一下剪映APP中的基本功能及其操作界面。

5.1.1 剪映APP概述

剪映是由抖音官方推出的一款手机视频编辑工具，可用于手机短视频的剪辑制作及发布，该软件具备全面的剪辑功能，支持视频变速、多样化滤镜效果及丰富的曲库资源和视频模板等。本书所演示的剪映软件为9.6.1版本。

5.1.2 认识剪映APP的工作界面

剪映主要由"剪辑✂""剪同款""创作课堂""消息"和"我的"五个板块组成，如图5-1所示，在屏幕底端点击相应的按钮即可切换至相应的板块。

图5-1

下面简单介绍各板块及其功能。

1. 剪辑

启动剪映APP，主界面默认显示"剪辑"板块的内容。此时界面主要分为两个部分，上部分为功能区，存放着各项功能按钮，如图5-2所示。点击

"展开"按钮■，可以展开查看更多功能，如图5-3所示。

图5-2

图5-3

下面对每项功能进行简要说明。

➤ 一键成片▶：点击此按钮，进入素材添加界面，选择素材，即可一键生成视频。

➤ 图文成片▣：点击此按钮，粘贴文章链接或输入文字内容，即可生成与文字内容相关的视频。

> 拍摄◙：点击此按钮，即可在剪映中拍照或拍摄视频素材。
> 创作脚本▤：点击此按钮，输入或套用视频剪辑脚本，即可依照脚本生成视频。
> 录屏▣：点击此按钮，即可开始录屏。
> 提词器▤：点击此按钮，即可建立台词文件，开始拍摄时，屏幕将会出现含有台词的提词器。
> 美颜◙：点击此按钮，即可对素材进行美颜。
> 超清画质▣：点击此按钮，即可提升素材画质（目前为VIP专属功能）。
> 开始创作⊞：点击此按钮，进入素材添加界面，选择素材后，即可进入视频编辑界面。

下部分为"本地草稿"，主要分为"剪辑""模板""图文""脚本"四种草稿类型，使用某一功能制作的视频草稿，将会存放至相应的分类中。点击"剪映云"按钮 ☁剪映云，可以管理云端素材；点击"管理"按钮✐，可以批量删除草稿，如图5-4所示。

图5-4

点击任一草稿缩略图下方的▤按钮，会弹出包含"上传"☁、"重命名"✐、"复制草稿"⧉、"删除"🗑四个按钮的浮窗，如图5-5所示。可以将此草稿上传至云端、重命名此草稿、复制此草稿或将此草稿删除。

图5-5

2.剪同款

在"剪同款"对应的功能区中，可以看到剪映为用户提供了大量不同类型的短视频模板，如图5-6所示。在完成模板的选择后，用户只需将自己的素材添加进模板，即可生成同款短视频。

3.创作课堂

"创作课堂"是官方专为创作者打造的一站式服务平台，用户可以根据自身需求选择不同的领域进行学习，如图5-7所示。

4.消息

官方活动提示，以及其他用户和创作者的互动提示都集合在"消息"栏中，如图5-8所示。

图5-6

图5-7

图5-8

第5章 剪映APP，手机也能完成大片制作

47

5.我的

"我的"即用户的个人主页，如图5-9所示，用户可以在这里编辑个人资料，管理发布的视频和点赞的视频，参与每日打卡活动等。点击"抖音主页"按钮，可以跳转至抖音界面。

需求，对其中的素材进行修改。

- ➢ 滤镜：包含不同类型的滤镜效果。针对不同的场景使用相应的滤镜，更能烘托影片气氛，提升影片质感。
- ➢ 比例：集合了当下常见的影片尺寸，用户可根据自身影片类型或平台需求选择合适的尺寸。
- ➢ 背景：用于设置画布（背景）的颜色、样式及模糊程度等。
- ➢ 调节：用于调节画面的各项基本参数，有助于优化画面细节。

图5-9

5.1.3 剪映APP的主要功能

进入剪映APP的视频编辑界面后，可以看到底栏提供了全面且多样化的功能，如图5-10所示。

图5-10

功能具体介绍如下。

- ➢ 剪辑：包含分割、变速、动画等多种编辑工具，拥有强大且全面的功能，是视频编辑工作中经常要用到的功能区。
- ➢ 音频：主要用来处理音频素材。剪映内置专属曲库，为用户提供了不同类型的音乐及音效。
- ➢ 文本：用于为视频添加描述文字，内含多种文字样式、字体及模板等，不仅支持识别素材中的字幕或歌词，还能朗读文字内容，生成音频素材。
- ➢ 贴纸：内含百种不同样式的贴纸，添加至视频后，可有效提升美感、增强趣味性。
- ➢ 画中画：相当于素材轨道，常在制作多重效果时使用。
- ➢ 特效：内含多种不同类型的特效模板，只需点击特效模板，即可将相应的特效应用于素材片段。
- ➢ 素材包：内含有组合形式的素材包，可以直接添加使用，也可以添加打散组合，按照剪辑

5.2 剪映专业版——更多专业功能

除了手机端以外，用户还可以在PC端使用剪映专业版进行更为精细的剪辑，两端的剪辑项目可以通过"剪映云"相互传递。PC端的剪映专业版与手机端的剪映APP操作大体相同，只是多了部分功能。本节主要对剪映专业版的界面进行简要说明，并介绍其中两项重要功能。

5.2.1 界面速览

在PC端启动剪映专业版，进入欢迎界面，如图5-11所示。用户可以登录抖音账户、查看本地草稿、在云空间中下载同账号其他客户端的剪辑项目等。此外，用户还可以导入电脑中的其他剪辑工程，目前剪映专业版已经支持导入基础的Premiere Pro工程。

图5-11

在欢迎界面单击"开始创作"按钮，进入剪映专业版的视频编辑界面。此界面主要分为五个部分，分别为"媒体素材"面板、"播放器"面板、"属性调节"面板、工具栏以及"时间线"面板，如图5-12所示。

"媒体素材"面板 ————

"播放器"面板 ————

"属性调节"面板 ————

工具栏 ————

"时间线"面板 ————

图5-12

用户可以在"媒体素材"面板中查找各种素材，并将它们添加至"时间线"面板；在"播放器"面板查看预览画面，并进行设置视频比例等操作；在"属性调节"面板调节素材各项参数；在工具栏中调用各项剪辑工具；在"时间线"面板对各个已添加的素材进行剪辑处理。

5.2.2 我的预设——制作专属模板

扫码看教学视频

用户可以在剪映专业版制作并保存预设效果，保存的预设一般储存在"媒体素材"面板中，需要时可以直接将其作为模板添加至剪辑区。目前剪映专业版支持保存媒体文件预设、文本预设以及调节预设三种，下面以制作文本预设为例，讲解如何在剪映专业版中保存和调用预设。

01 启动剪映专业版，在"媒体素材"面板中导入一段视频素材，并将视频素材添加至"时间线"面板的主视频轨道中。

02 单击"媒体素材"面板中的"文本"按钮 T，展开"新建文本"卷展栏，将素材"默认文本"添加至"时间线"面板，如图5-13所示。

图5-13

03 单击选中"时间线"面板中的"默认文本"素材，在"属性调节"面板对此素材的各项参数进行设置，制作文字效果。

04 在"文本"设置的"基础"选项卡中，将文字输入框中的文字依据画面内容修改为"天涯共此时"，打开"字体"的下拉菜单，选择合适的字体，如"梅雨煎茶"。进行的每个修改，都会及时在"播放器"面板的画面中显示，如图5-14所示。

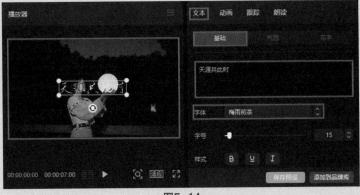

图5-14

05 向下滑动鼠标滑轮，还能对文字进行更多设置。这里将文字的"对齐方式"修改为竖排居中，并在"播放器"面板中，将文字移动至人物右侧，如图5-15所示。

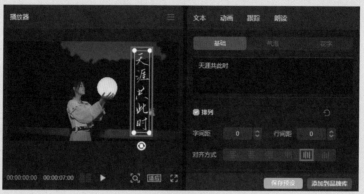

图5-15

06 单击"气泡"标签切换至"气泡"选项卡，选择一个适合的竖向气泡，如图5-16所示。如果文字过多，可以返回"基础"选项卡调节"字间距"参数，使文字始终位于同一行。

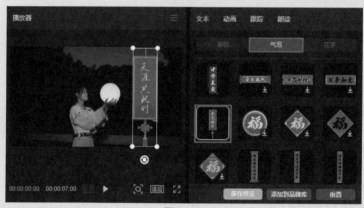

图5-16

07 单击"动画"按钮，在"入场"选项卡中为素材添加入场动画"生长"，并将"动画时长"设置为1.0s，如图5-17所示。

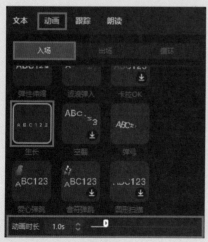

图5-17

08 效果制作基本完成。单击"文本"按钮切换面板，然后单击"保存预设"按钮，可将此素材作为预设保存。此时在"媒体素材"面板单击"文本"按钮 TI，展开"新建文本"卷展栏，单击"我的预设"按钮，就可以查看并使用刚刚保存的预设素材，如图5-18所示。

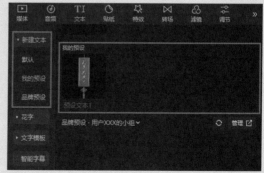

图5-18

> ◎ 提示 • 。
>
> 　　一般预设只会保留在当前所使用的电脑中，如果单击"品牌预设"按钮，可以将此素材作为预设效果保存至小组中。添加后，所有团队成员均可使用该预设效果。PC端能够保存多种形式的预设，但手机端目前只能上传和下载视频、图片等部分素材。此外，目前所保存的文字预设暂时不支持保留"气泡"效果。

5.2.3 新建复合片段——组合素材制作字幕条

　　"新建复合片段"功能不仅能够将文字、贴纸等素材转换为视频素材，也能将多个素材复合成一个视频素材。使用此功能，可以制作卡片、字幕条、标签条，将制作完成的卡片等作为"我的预设"保存，能够提高剪辑效率。下面以制作字幕条为例，介绍如何使用剪映专业版的"新建复合片段"功能。

扫码看教学视频

① 启动剪映专业版，在"媒体素材"面板中导入一段视频素材、一张人物图片素材以及两张单色图片素材，并将视频素材添加至"时间线"面板主视频轨道中。

② 将颜色较深的单色图片添加至"时间线"面板，单击选中此素材，在"属性调节"面板单击"画面"设置中的"蒙版"标签，切换至"蒙版"选项卡，选择其中的"矩形"蒙版，在"播放器"面板中调节蒙版选框的大小，使其成长条状且位于画面下方，如图5-19所示。

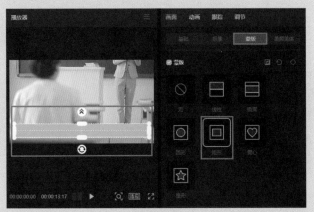
图5-19

③ 将人物图片素材添加至"时间线"面板，单击选中此素材，在"属性调节"面板单击"画面"设置中的"抠像"标签，在此选项卡中选中"智能抠像"单选按钮，将图片中的人物抠出来，如图5-20所示。

图5-20

51

04 单击"蒙版"标签切换选项卡，选择"矩形"蒙版，在"播放器"面板中调节蒙版选框的大小，保留人物的上半身，如图5-21所示。

图5-21

05 单击"基础"标签切换选项卡，此时可以调整图片的大小。将人物图片缩小，并将其放置于深色单色图片左侧，如图5-22所示。

图5-22

06 单击"媒体素材"面板中的"文本"按钮 TI，展开"新建文本"卷展栏，将"默认文本"素材添加至"时间线"面板，单击选中此素材，在"属性调节"面板输入文字内容，调节参数设置，然后在"播放器"面板中，将文字素材移动至人物右侧，如图5-23所示。

图5-23

⑦ 将浅色单色图片添加至"时间线"面板，然后以同样的方法建立矩形蒙版，将其放于深色单色图片内，作为文字放置区，如图5-24所示。

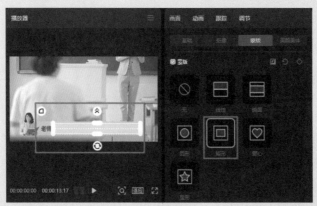

图5-24

⑧ 为了美观，还可以添加贴纸进行装饰。在"媒体素材"面板单击"贴纸"按钮 ，在文字输入框中输入关键词进行检索，选择一张合适的贴纸添加至"时间线"面板，在"播放器"面板中调整贴纸素材的位置，使其位于字幕条的右下角，如图5-25所示。

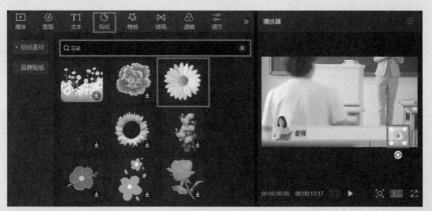

图5-25

⑨ 在"时间线"面板中调整构成字幕条的所有素材长度保持一致，并同时选中这些素材，右击，弹出快捷菜单，如图5-26所示。

⑩ 选择快捷菜单中的"新建复合片段"选项（或使用快捷键Alt+G），此时所有素材将会复合，"时间线"面板中出现一段名为"复合片段1"的素材，如图5-27所示。

图5-26

图5-27

> **提示**
>
> "复合片段"的长度取决于所复合的素材中最长的那一条素材。新建复合素材以后，新建立的"复合片段"相当于一个视频素材。

⑪ 此时可以为字幕条加上各种效果，例如添加"渐显"入场动画。

⑫ 在"时间线"面板右击"复合片段1"素材，在弹出的快捷菜单中选择"保存为我的预设"选项，即可将此素材作为预设保存，如图5-28所示。在"媒体素材"面板单击"媒体"按钮■，展开"本地"卷展栏，单击"我的预设"按钮，即可查看保存的预设，如图5-29所示。

图5-28

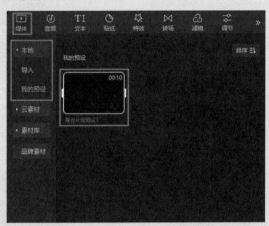

图5-29

⑬ 调整"时间线"面板中"新建复合片段1"的位置和长度，然后新建一个文本，依照素材输入文字，将文字放置在字幕条内，画面，如图5-30所示。

图5-30

⑭ 如果需要修改"复合片段1"中的某个素材，可以在"时间线"面板右击"复合片段1"素材，然后在弹出的快捷菜单中选择"解除复合片段"选项（或使用快捷键Alt+Shift+G）解除复合片段，选择其中素材进行替换即可。

> **提示**
>
> 目前只有剪映专业版可以使用"新建复合片段"功能，如果将包含"复合片段"的项目上传

至云端，然后在手机端下载此项目，其中的"复合片段"将自动转换为视频，不能被拆分成一个个分开的素材。

5.3 实战——制作漫画脸叠叠乐特效视频

本节将结合剪映中的动画和漫画功能，制作当下流行的漫画脸叠叠乐效果，本节需要提前准备五张图片素材。下面介绍具体的制作方法。

扫码看教学视频

① 打开剪映APP，点击"开始创作"按钮➕，添加五张照片至剪辑项目。

② 点击底部工具栏中的"比例"按钮■，将视频比例设置为竖屏9:16，如图5-31所示。

③ 选中素材，点击"复制"按钮▣，将每一张素材都复制一遍，如图5-32所示。

04 点击工具栏左侧的■按钮，返回一级工具栏。点击"背景"按钮◪，再点击"画布模糊"按钮◐，在弹出的浮窗中选择第二个效果，然后点击"全局应用"按钮▤，将此效果应用至整个视频，操作完成后点击右侧的☑按钮，保存效果，如图5-33所示。

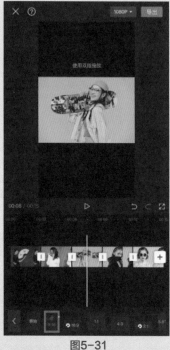
图5-31

图5-32

图5-33

05 点击工具栏左侧的■按钮，返回一级工具栏。点击"音频"按钮♪，再点击"音乐"按钮♫，在素材库中选择一首卡点音乐添加至项目中。选中音频素材，点击"踩点"按钮▣，如图5-34所示。在弹出的浮窗中，将"自动踩点"按钮开关◐━打开，选择"踩节拍Ⅰ"效果，如图5-35所示。完成后点击☑按钮，保存效果。

06 调整每段素材的长度，使它们与音乐素材的节奏点对齐，如图5-36所示。

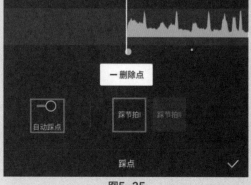
图5-35

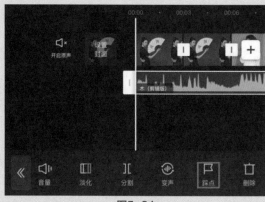
图5-34

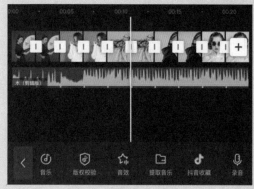
图5-36

07 选中第一张图片素材，点击"动画"按钮⊡，在"组合动画"中选择"魔方"动画，如图5-37所示。点击✔按钮，保存效果。

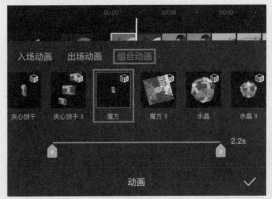

图5-37

08 选中第一张图片复制素材，在工具栏中点击"抖音玩法"按钮⊙，选择其中的"漫画写真"效果，如图5-38所示。点击✔按钮，保存效果。然后点击"动画"按钮⊡，为此素材添加"组合动画"中的"叠叠乐"动画，如图5-39所示，完成后点击✔按钮，保存效果。

图5-38

图5-39

09 选中第二张图片素材，点击"动画"按钮⊡，应用"组合动画"中的"立方体Ⅳ"动画，如图5-40所示。

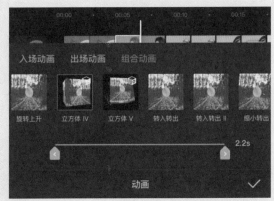

图5-40

10 选中第二张图片复制素材，在工具栏中点击"抖音玩法"按钮⊙，选择其中的"漫画写真"效果。然后点击"动画"按钮⊡，应用"组合动画"中的"叠叠乐Ⅱ"动画，如图5-41所示，完成后点击✔按钮，保存效果。

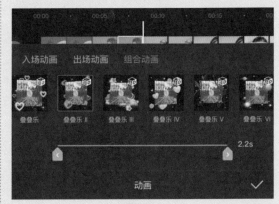

图5-41

11 按照步骤7和步骤8中所述的操作方法，为第三张图片素材添加"水晶"动画，为第三张复制图片素材添加"漫画写真"效果和"叠叠乐Ⅲ"动画；为第四张图片素材添加"水晶Ⅱ"动画，为第四张复制图片素材添加"漫画写真"效果和"叠叠乐Ⅳ"动画；为第五张图片素材添加"立方体Ⅴ"动画，为第五张复制图片素材添加"漫画写真"效果和"叠叠乐Ⅴ"动画，完成后的效果如图5-42~图5-44所示。

图5-42

图5-43

图5-44

5.4 实战——利用关键帧制作希区柯克变焦效果

本节将利用关键帧功能来实现希区柯克变焦效果。制作本例前，需要提前准备一段人物不动，拍摄者匀速向前运镜拍摄的视频素材，下面介绍具体制作方法。

扫码看教学视频

01 打开剪映APP，点击"开始创作"按钮，添加素材视频至剪辑项目中。

02 点击"关键帧"按钮，在视频的首尾处分别添加一个关键帧，如图5-45所示。

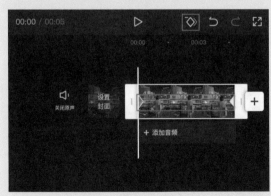

图5-45

03 在第一个关键帧所处的位置，双指放大素材直至与结尾关键帧处画面中的人物大小一致，放

大后的效果如图5-46所示，结尾处的画面大小如图5-47所示。

图5-46

图5-47

◎提示·◎

希区柯克变焦即滑动变焦，通过在拍摄时改变镜头焦段，同时移动机位，从而产生强烈的视觉冲击，甚至在进行较大幅度或较快速度的变焦时，可令人产生晕眩感。

5.5 实战——制作相机胶卷滚动效果

本节将利用关键帧和比例工具将多段视频拼接在一块背景上，制作出相机胶卷滚动效果。具体操作方法如下。

扫码看教学视频

01 打开剪映APP，点击"开始创作"按钮 +，添加第一段素材视频至剪辑项目中，点击"比例"按钮 ▣，将视频设置为5.8″，如图5-48所示。

02 点击工具栏左侧的 ▇按钮，返回一级工具栏，点击"贴纸"按钮 ◎，在文字输入框中输入"尺子"，选择添加一个竖立的直尺贴纸。在画面中将直尺贴纸放大，使画面中包含二十个刻度。选中素材，将素材移动至画布顶端，调整素材的大小，使其高度为四个刻度，如图5-49所示。

 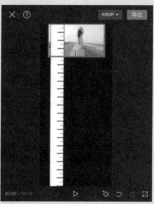

图5-48　　　　　　　图5-49

> ◎提示 •◦
>
> 使用直尺贴纸能让操作更精确，节省后续调整素材的时间，提高剪辑效率。

03 点击"关键帧"按钮 ◈，在视频素材起始端添加一个关键帧。点击"复制"按钮 ▣，将视频素材复制四次，然后选中复制素材，点击"切画中画"按钮 ⤧，将四段复制素材全部切换至画中画轨道，并使它们与主视频轨道上的素材对齐，如图5-50所示。

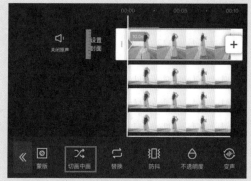

图5-50

04 移动复制素材的位置，使画布中所有素材按照刻度均匀分布，如图5-51所示。

图5-51

05 选中其中一个复制素材，点击"替换"按钮 ⤧，选择另一段视频进行替换，如图5-52所示。按照同样的方法将余下的复制素材进行替换，操作完毕后，画面如图5-53所示。此时可以将用于辅助的直尺素材删除。

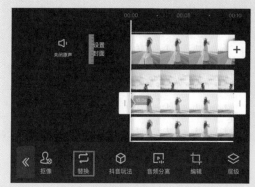

图5-52

图5-53

> **提示** · ○
>
> 　　此处所用到的素材原始比例均为16:9，因
> 此在打上关键帧后，能够保留所有设置直接替
> 换；如果用来替换的素材的比例与被替换素材的
> 比例有所差别，那么在替换后还需要对素材再做
> 调整。

06　点击工具栏左侧的█按钮，返回一级工具栏，
点击"画中画"按钮▣，然后点击"新增画中
画"按钮▣，将胶片边框添加至剪辑区。放大胶
片边框，使其位于画布左右两侧，如图5-54所
示。拉长胶片边框素材，使其与视频素材对齐，
如图5-55所示。完成后，点击"导出"按钮，
将此视频导出备用。

图5-54

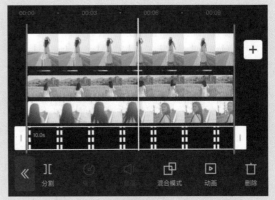

图5-55

07　回到剪映APP的主界面，点击"开始创作"
按钮▣，将上一步导出的视频添加至项目中，点
击"比例"按钮▣，将视频比例设置为16:9，使
画布转换为横屏形式，如图5-56所示。

图5-56

08　点击"关键帧"按钮◇，在距素材首尾两端2
帧的位置分别打上一个关键帧，如图5-57所示。

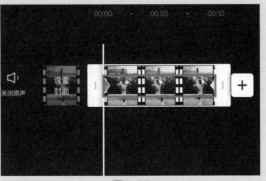

图5-57

59

09 在素材起始端的关键帧处放大素材，使画面左右两条边与画布边框重合，向上移动素材，使素材顶部与画布顶部对齐，如图5-58所示。

图5-58

10 在素材尾端的关键帧处放大素材，使画面左右两条边与画布边框重合，向下移动素材，使素材底部与画布底部对齐，如图5-59所示。

图5-59

11 点击工具栏左侧的 ▇ 按钮，返回一级工具栏。点击"特效"按钮▇，然后点击"画面特效"按钮▇，为视频添加"复古"分类中的"胶片滚动"特效，如图5-60所示。点击▇按钮，保存效果。

12 使"胶片滚动"特效的首尾两端与两个关键帧对齐，单击"调整参数"按钮▇，拉大参数"滤镜"的数值，美化画面，如图5-61所示。点击▇按钮，保存效果。

13 点击"画面特效"按钮▇，为视频添加"金粉"分类中的"金粉"特效，增添质感，如

图5-62所示。点击▇按钮，保存效果，将特效素材拉长与视频素材对齐。

图5-60

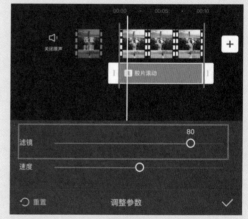

图5-61

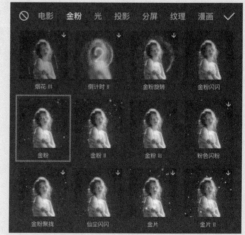

图5-62

14 点击工具栏左侧的 ▇ 按钮，返回一级工具栏。点击"音频"按钮♪，再点击"音乐"按钮⊙，

将"旅行"分类中的"春日漫游"歌曲添加到剪辑项目中。移动时间线至结尾处，点击"分割"按钮 ，将音乐分割，选中音乐后半段多余的部分，点击"删除"按钮 ，如图5-63所示。

图5-63

⑮ 完成后的视频效果如图5-64~图5-66所示。

图5-64

图5-65

图5-66

5.6 实战——制作空间穿越效果

本节将使用色度抠图工具和关键帧制作穿越特效视频，制作本例需要提前准备绿幕图片素材和一段视频素材。具体操作方法如下。

扫码看教学视频

① 打开剪映APP，点击"开始创作"按钮 ，添加视频素材至剪辑项目中。点击"画中画"按钮 ，再点击"新增画中画"按钮 ，将绿幕素材添加到剪辑项目中，使两段素材对齐，如图5-67所示。放大绿幕素材，使其充满画布，如图5-68所示。

图5-67

图5-68

② 点击"抠像"按钮 ，然后点击"色度抠图"按钮 ，在画面中移动取色器，吸取绿色，如图5-69所示，然后将"强度"设置为30，"阴影"设置为15，如图5-70所示，此时绿幕消失，显示出视频素材。点击 按钮，保存效果。

③ 在绿幕素材的起始端和时间刻度00:03处分别添加一个关键帧，如图5-71所示。在第二个关键帧处将画面放大至完全显示出背景素材，如图5-72所示。

图5-69

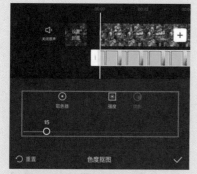

图5-70

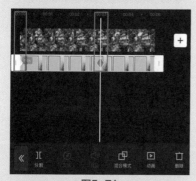

图5-71

图5-72

04 点击工具栏左侧的▇按钮，返回一级工具栏。点击"特效"按钮▧，然后点击"画面特效"按钮▨，为视频添加"纹理"分类中的"折痕Ⅳ"特效，如图5-73所示。点击▽按钮，保存效果。此操作是为了模仿玻璃上的投影效果。

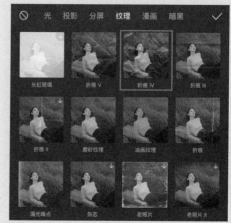

图5-73

05 使特效素材与视频素材对齐，点击"作用对象"按钮，使特效作用于主视频，如图5-74所示。点击▽按钮，保存效果。

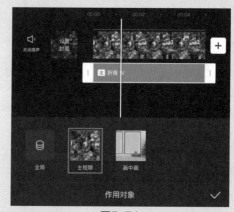

图5-74

06 最终效果如图5-75～图5-77所示。

图5-75

图5-76

图5-77

◎提示·◦

绿幕在特效电影拍摄中极为常见，其是后期制作时进行抠像合成的道具。之所以选择绿色的幕布，是因为绿色相较于其他颜色更能形成色差，后期抠像时更容易处理。

5.7 实战——制作放大镜侦查效果

本例主要是利用蒙版和关键帧功能来完成效果的制作。准备一段视频素材，即可开始制作，具体操作方法如下。

扫码看教学视频

① 打开剪映APP，点击"开始创作"按钮 + ，将素材视频添加至剪辑项目中。

② 播放查看素材，将时间线移动至时间刻度00:13和00:14之间，此时画面右侧出现一辆白色小车，选定此小车作为放大对象，如图5-78所示。

③ 点击"定格"按钮 ，此时主视频轨道上的视频素材被分为两段，中间出现一段时长为3.0s的定格片段，如图5-79所示。

④ 选中定格片段左侧的视频素材，点击"变速"按钮 ，然后点击"曲线变速"按钮 ，选

择其中的"闪出"变速效果，如图5-80所示。对"闪出"变速效果进行编辑，在弹出的浮窗中向左拉动第二个锚点，使此段素材加速为5.0s。如图5-81所示。点击 按钮，保存效果。

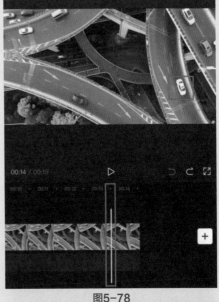

图5-78

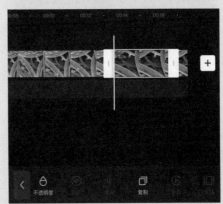

图5-79

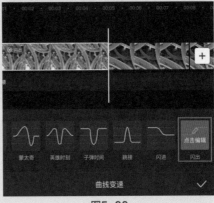

图5-80

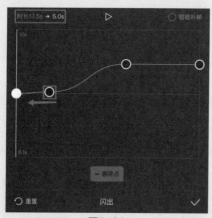

图5-81

05 选中定格片段，点击"复制"按钮■，将定格片段复制一份，然后选中复制的定格片段，点击"切画中画"按钮■，将其放置于定格片段下方，如图5-82所示。

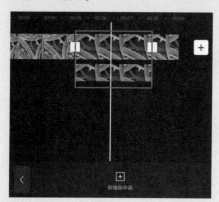

图5-82

06 选中复制素材，点击"蒙版"按钮◎，选择"圆形"蒙版，使蒙版选框选中目标小车，如图5-83所示。点击■按钮，保存效果。

图5-83

07 分别在复制素材的起始端的正中间打上关键帧，在正中间关键帧处适当放大复制素材，使素材盖住原始画面中的小车，如图5-84所示。

图5-84

08 在正中间关键帧左右两侧相隔相同帧数的位置分别打上关键帧，然后将时间线移动至正中间的关键帧处，删除此关键帧，如图5-85所示。这样可以使放大画面持续一段时间。

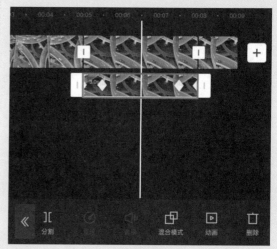

图5-85

09 选中定格片段，在与复制素材四个关键帧相同的位置打上关键帧。然后在第二个关键帧处点击"调节"按钮■，将"亮度"数值调整为-50，如图5-86所示。

10 按照同样的方法，在第三个关键帧处也将"亮度"数值调为-50。此时，周围部分逐渐变暗，在放大效果持续时间内，周围部分作为暗部，突出放大部分，如图5-87所示。

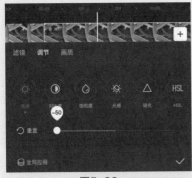

图5-86

图5-87

⑪ 点击工具栏左侧的■按钮，返回一级工具栏。点击"文本"按钮■，然后点击"文字模板"按钮，选择"科技感"分类中如图5-88所示的模板，修改其中文字为"发现目标"。点击☑按钮，保存效果。

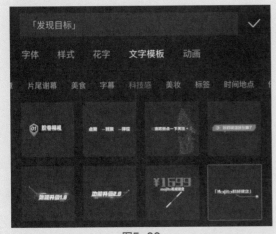

图5-88

⑫ 调整文字素材的长度，使其与定格片段对齐，同时在画布中调整文字的位置，使标记点位于放大处作为引导，如图5-89所示。

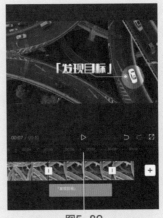

图5-89

⑬ 点击工具栏左侧的■按钮，返回一级工具栏。点击"特效"按钮■，然后点击"画面特效"按钮■，为视频添加"动感"分类中的"彩虹幻影"特效，如图5-90所示，增加画面的悬疑感。点击"确定"按钮☑，保存效果。使特效素材与主视频轨道上的全部素材对齐，如图5-91所示。

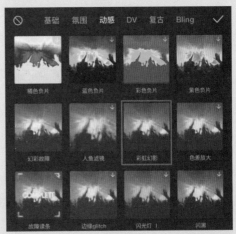

图5-90

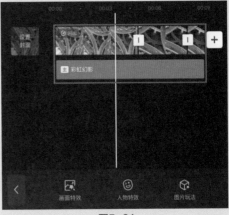

图5-91

⑭ 点击工具栏左侧的▮按钮，返回一级工具栏。点击“音频”按钮♫，再点击“音乐”按钮♫，为视频添加一段音乐。

⑮ 最终完成效果如图5-92～图5-94所示。

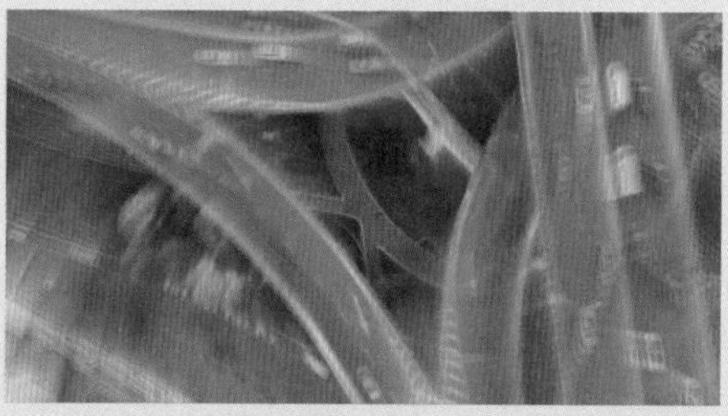

图5-92

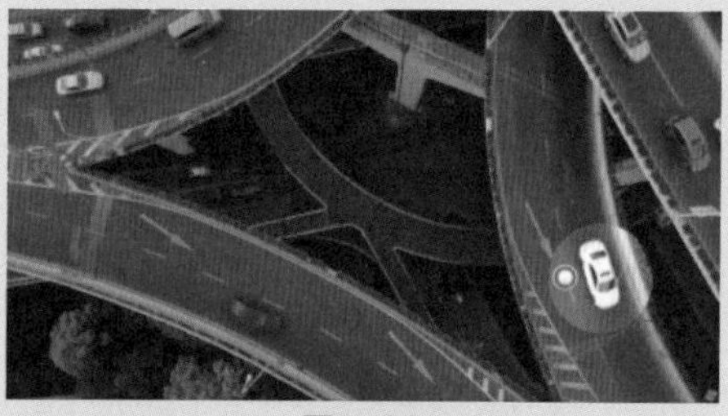

图5-93

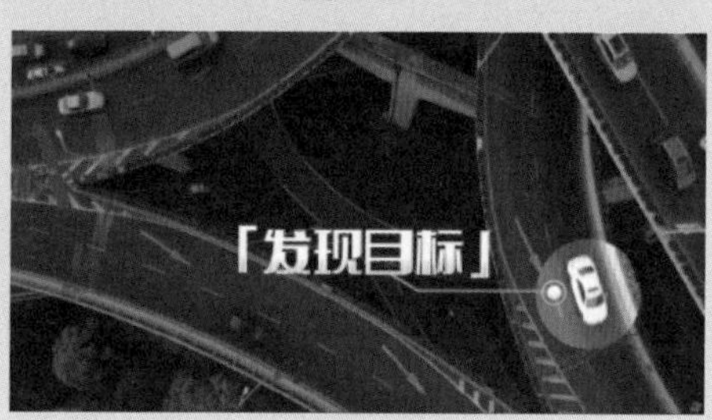

图5-94

5.8 实战——制作分屏踩点效果

本节将利用蒙版来制作一个分屏踩点视频，主要考验用户对蒙版的熟悉程度。具体操作方法如下。

扫码看教学视频

01 打开剪映APP，点击“开始创作”按钮⊞，添加一段视频素材至剪辑项目中。

02 点击“音频”按钮♫，再点击“音乐”按钮♫选择一段方便踩点的音乐，如“旅行”分类中的“漂流人间”，将其添加至剪辑项目中。选中音乐素材，点击“踩点”按钮▣，将“自动踩点”按钮开关◯打开，选择“踩节拍Ⅱ”效果，如图5-95所示。完成后点击✓按钮，保存效果。

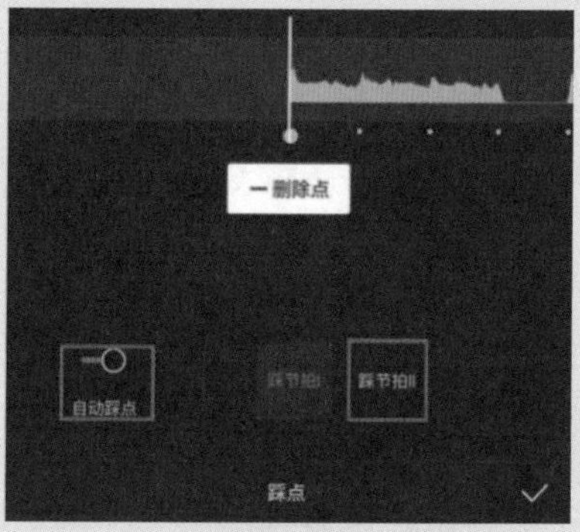

图5-95

03 选中视频素材，点击“蒙版”按钮◙，选择“镜面”蒙版，逆时针旋转蒙版选框45°，将蒙版选框移动至画布左上角，如图5-96所示。

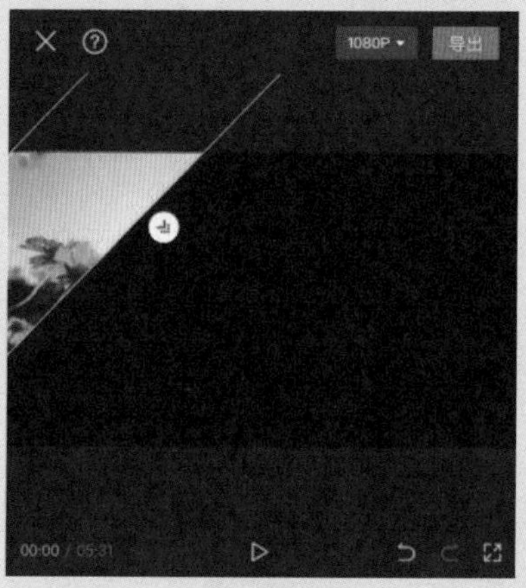

图5-96

04 将时间线移动至视频素材起始端，在此添加一个关键帧，如图5-97所示。

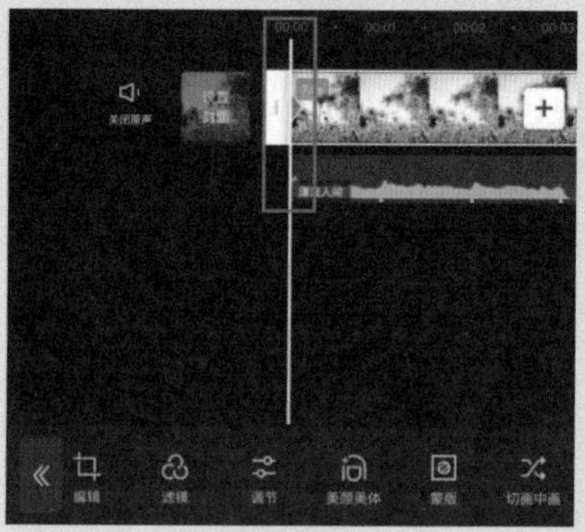

图5-97

05 点击“复制”按钮▣，将视频素材复制三次，然后依次选中三段复制素材，点击“切画中画”按钮⤨，将三段素材切换至画中画轨道，并使它们与主视频轨道上的素材对齐，如图5-98所示。

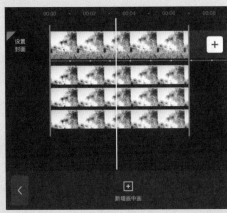

图5-98

06 将时间线移动至轨道起始端，依次选中画中画轨道上的复制素材，点击"蒙版"按钮回，在画布中按照一定距离向右下方移动蒙版选框，使画面分成四份，如图5-99所示。

图5-99

07 移动三段复制素材，使复制素材起始端与节奏点对齐，如图5-100所示。

08 依次选中这四段素材，点击"复制"按钮回，将每段素材都复制一次，并使复制素材位于相应的原始素材右侧，如图5-101所示。

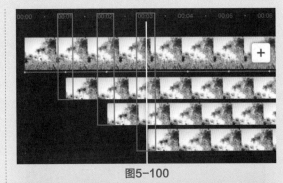

图5-100

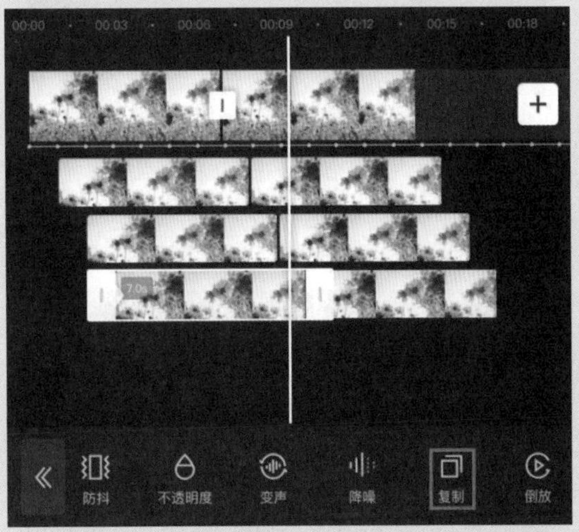

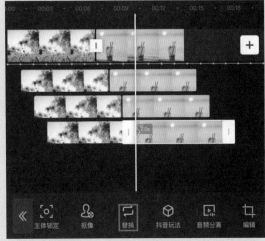

图5-101

09 依次点击四段复制素材，点击"替换"按钮回，用另一段视频替换复制素材，此时所有效果都将应用于替换素材中，如图5-102所示。

图5-102

10 将时间线移动至第五个节奏点处，使主视频轨道第一段素材的末端以及第二段素材的起始端与第五个节奏点对齐，如图5-103所示。

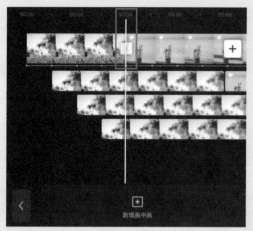

图5-103

⑪ 调整素材的位置，使三条画中画轨道中第一段素材的末端及第二段素材的起始端分别与第六、第七、第八个节奏点对齐，如图5-104所示。

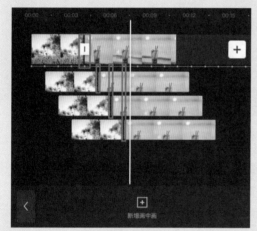

图5-104

⑫ 依照步骤8～步骤11的操作，添加剩下两段素材，如图5-105所示。

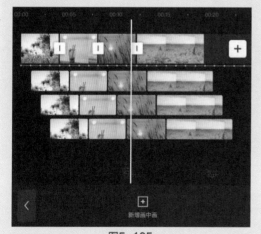

图5-105

⑬ 使四组素材末端对齐，删除多余素材，如图5-106所示。

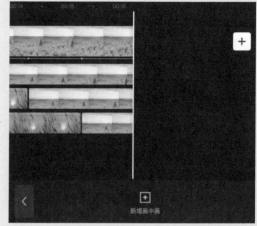

图5-106

⑭ 最终效果如图5-107～图5-109所示。

图5-107

图5-108

图5-109

5.9 实战——制作定格描边宠物介绍

本节将使用定格和抠像功能制作定格宠物描边，具体操作方法如下。

01 打开剪映APP，点击"开始创作"按钮 ⊕，添加一段宠物视频素材到剪辑项目中。

02 播放视频，预览素材。将时间线移动至猫咪转头看向镜头的位置，选中素材，点击"定格"按钮 ▣，此时主视频轨道上将会出现一段时长为3.0s的定格片段，如图5-110所示。

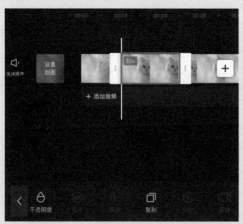

图5-110

03 选中定格片段，点击"复制"按钮 ▣，将定格片段复制一次，选中复制素材，点击"切画中画"按钮 ▨，使其与定格片段对齐，如图5-111所示。

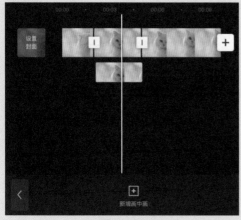

图5-111

04 选中复制素材，点击"抠像"按钮 ▣，然后点击"自定义抠像"按钮 ▨，点击"快速画笔"按钮 ▨，选中画面中的猫咪，对猫咪进行抠像，如图5-112所示。

05 点击"抠像描边"按钮 ▣，在弹出的浮窗中选择"虚线描边"选项，颜色选择白色，并对"大小"和"距离"两个参数稍作调节，制作合适的描边效果，如图5-113所示。

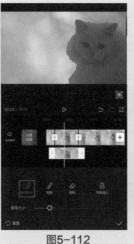

图5-112　　　　　　图5-113

◎ 提示 ◦

点击"自定义抠像"按钮 ▨ 后，弹出的浮窗中有三个按钮，分别是"快速画笔"按钮 ▨、"画笔"按钮 ▨ 以及"擦除"按钮 ◈，点击按钮即可使用相应的工具。其中"快速画笔"工具与"画笔"工具的区别在于，"快速画笔"工具能够自动捕捉画面中同一主体所有部分，而"画笔"工具则不能。由于剪映系统对同一主体的判定并不精准，使用"快速画笔"工具进行抠像时，有时会出现多余或者缺失的部分，这时可以使用"画笔"工具补足缺失，或用"擦除"工具擦去多余的部分。

06 选中主视频轨道上的定格片段，点击"调节"按钮 ▨，点击"滤镜"按钮，为此片段添加"黑白"分类下的"褪色"滤镜，如图5-114所示。完成后点击 ☑ 按钮，保存效果。此时定格片段颜色变淡，抠像出来的猫咪得到突出，如图5-115所示。

图5-114

图5-115

◎提示·◦○

选中素材后，依照步骤6为素材添加滤镜，此时滤镜效果只作用于被选中的素材，且轨道上不会出现滤镜素材。

07 点击工具栏左侧的█按钮，返回一级工具栏。点击"贴纸"按钮🕐，在文字输入框中输入"墨迹"进行搜索，选择一个合适的素材添加至剪辑项目中，如图5-116所示。调节贴纸素材，使其与定格片段对齐。

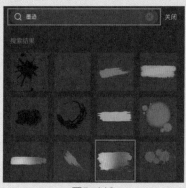

图5-116

08 在画布中放大"墨迹"贴纸，使其位于画面中间，如图5-117所示。

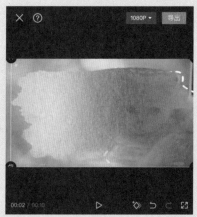

图5-117

09 选中贴纸素材，点击"动画"按钮回，为贴纸素材添加"向左滑动"入场动画和"向左滑动"出场动画，如图5-118所示。完成后点击√按钮，保存效果。

图5-118

10 点击"层级"按钮◈，向右拖动贴纸素材，使其位于底层，如图5-119所示。此时画布中贴纸素材位于抠像素材的后方，如图5-120所示。完成后点击√按钮，保存效果。

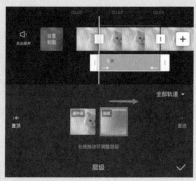

图5-119

抖音+剪映+Premiere短视频制作从新手到高手（第2版）

图5-120

⑪ 点击工具栏左侧的 ◀ 按钮，返回一级工具栏。点击"文本"按钮 T，在定格片段处添加宠物的名字作为介绍，并为文字加上入场、出场动画。

⑫ 最终效果如图5-121和图5-122所示。

图5-121

图5-122

5.10 实战——制作盗梦空间镜像效果

本例利用蒙版和镜像功能制作盗梦空间镜像效果，完成后的效果极具视觉冲击感和电影质感。具体制作方法如下。

扫码看教学视频

① 打开剪映APP，点击"开始

创作"按钮 ⊞，添加一段城市视频素材至剪辑项目中，选中素材，点击"编辑"按钮 ⊡，点击两次"旋转"按钮 ↻，将视频旋转180°，如图5-123所示。

② 点击"镜像"按钮 ◫，使素材镜像翻转，如图5-124所示。

图5-123　　　　　　图5-124

③ 点击 ◀ 按钮返回上一级，点击"蒙版"按钮 ◉，选择"线性"蒙版，此时画面的上半部分消失，如图5-125所示。点击"反转"按钮 ◫，将蒙版反转，然后在预览窗口中拉动"羽化"按钮 ✆，对蒙版的边缘进行羽化处理，使过渡更加自然，如图5-126所示。完成后点击 ✔ 按钮，保存效果。

图5-125　　　　　　图5-126

④ 点击"复制"按钮 ▣，将素材复制一份，然后选中复制素材，点击"切画中画"按钮 ⤬，使其与原始素材对齐。

05 选中复制素材，点击"编辑"按钮🔲，点击两次"旋转"按钮🔄，将视频旋转180°；点击"镜像"按钮◱，使素材镜像翻转。完成操作后，画面如图5-127所示。点击"导出"按钮将视频导出备用。

图5-127

06 回到剪映主界面，点击"开始创作"按钮⊕，将上一步骤中导出的视频导入新的剪辑项目中。

07 点击"音频"按钮♪，再点击"音乐"按钮♪，将"卡点"分类中的"木（剪辑版）"添加到项目中。移动时间线至结尾处，选中音乐素材，点击"分割"按钮⧚，完成素材分割后，选中后半段素材，点击"删除"按钮🗑，将多余的音乐片段删除，如图5-128所示。

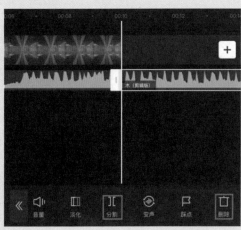

图5-128

08 选中音乐素材，点击"踩点"按钮🏳，将"自动踩点"按钮开关⬤打开，选择"踩节拍Ⅰ"效果，如图5-129所示。完成后点击✓按钮，保存效果。

图5-129

09 点击工具栏左侧的◧按钮，返回一级工具栏。点击"滤镜"按钮🎨，应用"影视级"分类中的"敦刻尔克"滤镜，点击✓按钮，将此滤镜效果添加到项目中，如图5-130所示。

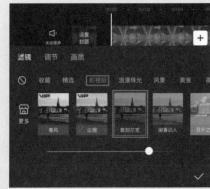

图5-130

10 选中滤镜素材，将其持续时长缩短，结尾处与第二个节奏点对齐，如图5-131所示。

图5-131

11 点击"新增滤镜"按钮🎨，应用"影视级"分类中的"闻香识人"滤镜，点击✓按钮，将此滤镜添加到项目中，如图5-132所示。

12 选中滤镜素材，将其持续时长缩短，使其起始处与第一个滤镜无缝衔接，结尾处与第三个节奏点对齐，如图5-133所示。参照此操作方法，将"1980""月升之国"和"默片"滤镜分别添加到项目中，并使它们的持续时长与相应的节奏点对齐，完成后的效果如图5-134所示。

图5-132

图5-133

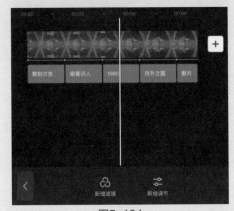

图5-134

⑬ 点击工具栏左侧的◀按钮，返回一级工具栏。点击"特效"按钮🎬，然后点击"画面特效"按钮🎞，应用"基础"分类中的"镜头变焦"特效，点击✔按钮，将此特效添加至剪辑项目中，如图5-135所示。

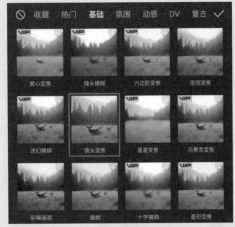

图5-135

⑭ 修改特效的持续时长，使其起始处与最后一个节奏点对齐，结尾与视频结尾对齐，如图5-136所示。

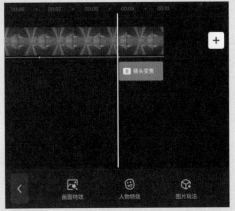

图5-136

⑮ 完成后的最终效果如图5-137~图5-140所示，画面的滤镜会随着节奏点的变化而变化，同时最后一个滤镜还伴随着画面逐渐变大的效果，如图5-141~图5-143所示。

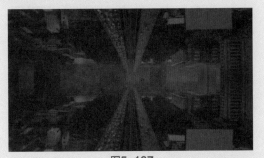

图5-137

图5-138

图5-139

图5-140

图5-141

图5-142

图5-143

5.11 实战——制作人物残影效果

制作本例需要使用抠像、定格和透明度等工具，具体操作方法如下。

扫码看教学视频

01 打开剪映APP，点击"开始创作"按钮 +，在素材库中将人物视频添加到剪辑项目中。

02 选中主视频轨道上的素材，将时间线移动至时间刻度00:01处，点击"定格"按钮 回，如图5-144所示。操作完成后将获得一段定格片段。

图5-144

03 选中定格片段，点击"切画中画"按钮 ，将定格片段切换至画中画轨道，并使其起始端与分割处对齐，尾端与主视频轨道素材的尾端对齐，如图5-145所示。

04 选中定格片段，点击"抠像"按钮 ，然后点击"智能抠像"按钮 ，将人物抠像出来，如图5-146所示。点击 按钮，保存效果。

05 选中定格片段，点击"不透明度"按钮 ，

抖音+剪映+Premiere短视频制作从新手到高手（第2版）

将"不透明度"数值调为50，如图5-147所示。点击✓按钮，保存效果。

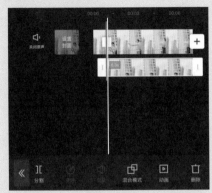

图5-145

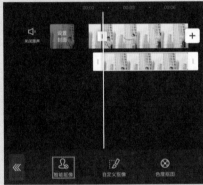

图5-146

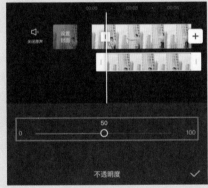

图5-147

06 再次点击定格片段，然后点击"调节"按钮，将"亮度"数值调为-50，如图5-148所示。点击✓按钮，保存效果。此时画面效果如图5-149所示，可以看到抠像出来的人物变虚变暗。

07 依照步骤3和步骤4，分别在时间刻度00:02、00:03、00:04、00:05、00:06、00:07处取定格片段，并将每个定格片段都切换至画中画轨道，使起始端对齐分割处，尾端与主视频轨道素材的

尾端对齐，如图5-150所示。依照步骤5至步骤7，将这些定格片段变暗变虚，完成后，画面如图5-151所示。

08 点击工具栏左侧的▪按钮，返回一级工具栏。点击"画中画"按钮▣，然后点击"新增画中画"按钮▣，将原始素材再导进剪辑项目一次，并使其与主视频轨道上的素材对齐，如图5-152所示。

09 在画布中放大此段画中画素材，使其铺满画布。然后使用"智能抠像"功能，将人物抠像出来，如图5-153所示。

图5-148

图5-149

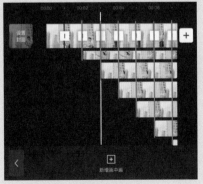

图5-150

图5-151

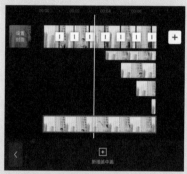

图5-152

图5-153

⑩ 最终效果如图5-154～图5-156所示，可以看到，随着人物的动作出现黑色残影。

图5-154

图5-155

图5-156

5.12 实战——制作朋友圈动态九宫格视频

本例将制作一款朋友圈动态九宫格短视频，制作方法非常简单，具体操作如下。

01 发送一条带有九张纯黑图片的朋友圈，并将朋友圈背景替换为纯黑色，如图5-157所示，然后截图保存至相册。

图5-157

02 打开剪映APP，点击"开始创作"按钮 ⊕ ，将朋友圈的图片素材添加至新的剪辑项目中。

03 点击"画中画" 回 按钮，然后点击"新增画中画"按钮![icon]，将一段视频素材导入剪辑项目中。

04 选中视频素材，点击"混合模式"按钮![icon]，选择"滤色"模式，如图5-158所示。这样能使视频素材在黑色部分显露出来。在画布中调整视频素材的位置和大小，使其盖住九宫格黑色部分，并使人物位于九宫格中间，如图5-159所示。

图5-158

图5-159

05 点击"复制"按钮![icon]，将复制的素材拖至第二条画中画轨道，在画面中将素材图片移动至朋友圈的背景处，如图5-160所示。

图5-160

06 调整所有素材的长度，使所有素材时长均为7.0s，如图5-161所示。

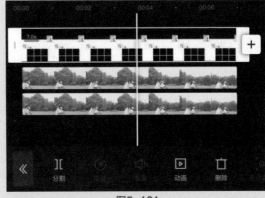

图5-161

07 完成操作后，点击"导出"按钮，将视频导出并保存到手机相册中，最终效果如图5-162和图5-163所示。

图5-162　　　　图5-163

5.13 本章小结

　　学习视频剪辑是一件循序渐进的事情，要在实践的过程中逐步成长。在入门初期，用户可以先参考网上其他创作者的剪辑思路和制作方法，掌握各项剪辑功能的原理和操作方法，在累积了一定经验后，便能将自己的想法融入创作中。只有多练习，随时保持创作热情，持之以恒，才能成为一名优秀的短视频创作者。

第6章
Premiere Pro，功能强大的视频剪辑软件

Premiere Pro简称PR，是一款由Adobe公司开发并推出的PC端视频编辑软件，是专业视频创作者不可或缺的编辑工具。Premiere Pro可以与Adobe公司的其他软件相互协作，被广泛应用于电视节目制作和广告制作行业中。本章将通过制作一个Vlog实例视频的方式，介绍Premiere Pro的常用功能和基本操作。本书所用软件版本为Adobe Premiere Pro 2023。

6.1　Premiere Pro功能及界面速览

Premiere Pro是一款集剪辑、调色、美化音频、字幕添加、输出等多项功能于一体的全面型视频编辑软件，如图6-1所示，具有高效、易学的特点，在使用过程中可以激发用户的编辑能力和创作自由度，满足用户创作高质量作品的需求。

图6-1

进入Premiere Pro的编辑界面，以"效果"模式工作区为例，主要分为标题栏、工作区布局、菜单栏、"源"监视器面板、"节目"监视器面板、"项目"面板、工具栏、"时间轴"面板、音频仪表以及各个功能面板等区域，如图6-2所示。

标题栏显示的是当前项目工程的储存位置；菜单栏为软件按类型分好的引导式菜单；用户可以在工作区布局内切换导入、编辑或导出三个界面，当处于编辑界面时，可以单击"工作区"按钮▢选择或自定义符合自身需求的布局模式；"源"监视器面板为原始素材的预览窗口；"节目"监视器面板为编辑后的素材预览窗口；"项目"面板是导入素材的区域；工具栏为用户提供了常用的视频编辑工具；"时间轴"面板是排列音频和视频素材的轨道；音频仪表是监视音频声量的工具，可用于查看音频是否爆音；各个功能面板堆放效果、基本图形、基本声音、Lumetri颜色等功能面板。

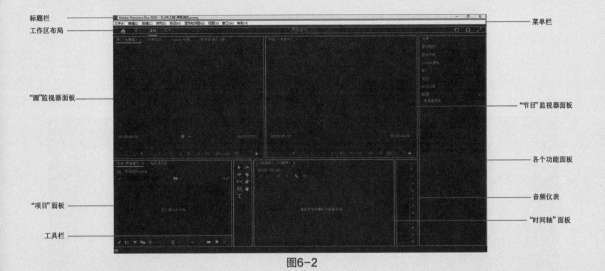

标题栏
工作区布局

"源"监视器面板

"项目"面板

工具栏

菜单栏

"节目"监视器面板

各个功能面板

音频仪表

"时间轴"面板

图6-2

6.2 将视频素材导入Premiere Pro

　　素材是视频编辑的基础，在开始编辑前，先要将素材导入Premiere Pro，本节所制作的案例需要使用十一段视频素材和两段音频素材。导入素材的方法有很多种，下面进行具体介绍。

扫码看教学视频

6.2.1 新建项目界面导入

01 2023版的Premiere Pro与之前的版本相比略有不同，2023版本在新建项目界面就可以导入素材。启动Premiere Pro，单击"新建项目"按钮，进入"导入"界面，如图6-3所示。在此界面可以输入项目名称，选择保存路径，选择所需素材，其中显示的预览缩略图是软件自带的示例内容。

图6-3

02 在"项目名"文字输入框中输入"登山vlog"作为项目名称，在左侧选项栏中单击文件夹，查找所需素材的位置，在中间的预览缩略图中勾选缩略图左上角的复选框，选中所有需要导入的素材，如图6-4所示。选择完毕后，单击"创建"按钮，即可创建项目，进入编辑界面。所导入的素材可在"项目"面板中查看。

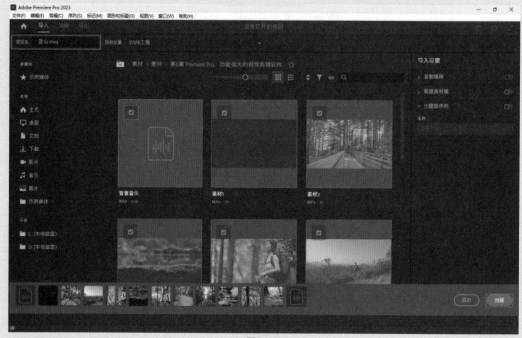

图6-4

6.2.2 "项目"面板导入

01 在"项目"面板空白处双击，即可在弹出的"导入"对话框中添加素材，如图6-5所示。

02 也可在空白处右击，在弹出的快捷菜单中选择"导入"选项，如图6-6所示，将会弹出"导入"对话框，在此对话框中选择需要导入的素材即可。

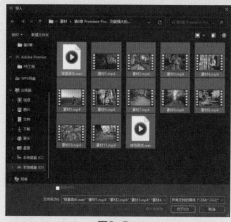

图6-5

图6-6

03 此外，还可以通过在菜单栏中执行"文件"|"导入"命令，或使用快捷键Ctrl+I调出"导入"对话框导入素材。

6.2.3 直接拖入素材

打开素材所在文件夹，选中所有需要导入的素材，按住鼠标左键将它们直接拖入"项目"面板，即可完成素材导入，如图6-7所示。

图6-7

6.3 将视频素材添加到"时间轴"面板

完成素材的导入后，便可以正式开始编辑工作，下面介绍将素材添加到"时间轴"面板的方法。

扫码看教学视频

6.3.1 建立序列

在"项目"面板中单击"列表视图"按钮 ，"项目"面板中的素材即可从图标模式转为列表模式，此时可以查看每个素材的各项信息，如图6-8和图6-9所示，可见素材间的参数略有不同。建立序列的目的在于建立一个统一的编辑标准，使参与剪辑的各个素材在输出时各项参数保持一致。下面对如何建立序列进行说明。

图6-8

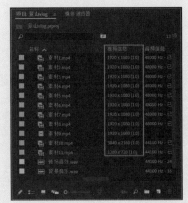

图6-9

① 执行菜单栏中的"文件"|"新建"|"序列"命令，或使用快捷键Ctrl+N，如图6-10所示。在弹出的"新建序列"对话框中单击"设置"标签，切换为"设置"选项卡。选择"编辑模式"为"自定义"；调整"帧大小"的参数为1920，将"水平"数值设置为1080，"垂直"数值设置为16：9；将"像素长宽比"设置为"方形像素（1.0）"，"场"设置为"高场优先"，完成后单击"确定"按钮，如图6-11所示。

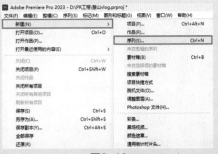

图6-10

图6-11

② 此外，在"项目"面板中单击"新建项"按钮▣，选择"序列"选项，如图6-12所示，也可以调出"新建序列"对话框。

图6-12

◎提示·◦

在"新建序列"对话框内，除了可以自定义序列设置外，Premiere Pro还提供了多种序列预设。单击"序列预设"标签，即可切换至"序列预设"选项卡，用户可以在此根据自身需求选择合适的序列预设，如图6-13所示。

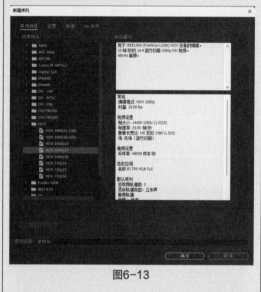

图6-13

除此之外，直接将素材拖入"时间轴"面板，系统将自动建立与第一个被拖入"时间轴"面板的素材各参数相匹配的序列。

6.3.2　添加素材至"时间轴"面板

① 在"项目"面板中长按"素材9.mp4"，将

其直接拖入"时间轴"面板中"序列01"的V1轨道中，即可完成素材添加。

◎提示·◦

如果拖入的素材与"时间轴"面板中的序列参数设置有所不同，将会弹出"剪辑不匹配警告"对话框，如图6-14所示。

图6-14

单击"更改序列设置"按钮，此时已经设置完成的序列会根据导入的视频素材进行修改和再次匹配；如果单击"保持现有设置"按钮，则不会改变序列设置，但素材的尺寸可能会与序列不匹配，需要进行调整。由于此时已经建立了一个序列，且需要统一剪辑素材，应单击"保持现有设置"按钮。

② 在"项目"面板中分别将"素材10.mp4"和"素材11.mp4"拖入"时间轴"面板中"序列01"的V1轨道，在弹出"剪辑不匹配警告"对话框时，均单击"保持现有设置"按钮。由于这两个素材的原始宽、高与序列设置有差异，在"节目"监视器面板中可以看到，被添加至序列后，"素材10.mp4"显示不完全，如图6-15所示，而"素材11.mp4"周围存在黑边，如图6-16所示。

③ 在"时间轴"面板中右击"素材10.mp4"，在弹出的快捷菜单中选择"设为帧大小"选项，如图6-17所示。系统将调整此素材的缩放大小，使其与序列设置相匹配，如图6-18所示。

图6-15

图6-16

图6-17

图6-18

04 采用与步骤3同样的方法，将"素材11.mp4"的画面与序列设置相匹配，如图6-19所示，可以看到画面中的黑边消失了。

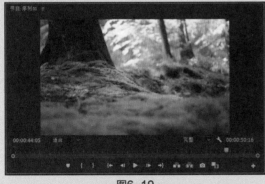

图6-19

◎提示 •◦

为了提高剪辑效率，在将素材添加至"时间轴"面板之前，可以先对"首选项"中的设置进行调整。在菜单栏中执行"编辑" | "首选项" | "媒体"命令，如图6-20所示。在弹出的"首选项"对话框中，将"默认媒体缩放"设置为"设置为帧大小"选项，如图6-21所示。设置完成后再导入素材，系统将在添加素材时自动将素材大小调整至与序列设置相符，不用再进行调整。

图6-20

图6-21

05 在进行剪辑时，有时候需要删除一段素材。单击"节目"监视器面板中的"播放"按钮▶，即可播放V1轨道上的素材，查找需要删除的片段。将播放指示器移动至时间刻度00:00:30:00处，在工具栏中单击"剃刀工具"按钮◢，或按C键，将光标切换为剃刀工具，在播放指示器停留位置单击"素材10.mp4"，将此素材一分为二，如图6-22所示。

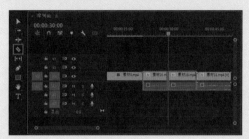

图6-22

06 按V键将光标切换为选择工具，在"时间轴"面板中选中播放指示器右侧的"素材10.mp4"，按Delete键将此素材删除，删除后将留下一个空隙，如图6-23所示。单击此空隙，再次按Delete键，此时空隙消失，余下的"素材10.mp4"与"素材11.mp4"无缝衔接，如图6-24所示。完成操作后，使用快捷键Shift+O将播放指示器转移到V1轨道末端。

图6-23

图6-24

07 除了使用剃刀工具分割并删除多余素材外，还可以先在"源"监视器面板中预览素材，确定其中所需要的段落，进行粗剪，然后将粗剪后的片段添加至"时间轴"面板。在"项目"面板中双击"素材1.mp4"，打开"源"监视器面板，此时面板中将会出现所选素材的画面，如图6-25所示，单击此面板中的"播放"按钮▶，即可播放当前素材。

图6-25

08 在时间刻度00:00:10:17处单击"标记入点"按钮，或按I键标记入点；在时间刻度00:00:26:10处单击"标记出点"按钮，或按O键标记出点，如图6-26所示。

图6-26

09 在"源"监视器面板中长按"仅拖动视频"按钮，即可拖动标记区间的素材。将标记区间的素材拖至"时间轴"面板V1轨道末端，使其与"素材11.mp4"无缝衔接，如图6-27所示。

图6-27

◎提示·◦

　　长按"仅拖动视频"按钮，将标记片段添加至"时间轴"面板，只会添加素材的视频画面，不会添加视频的音频。

抖音+剪映+Premiere短视频制作从新手到高手（第2版）

⑩ 在"项目"面板中双击"素材3.mp4",回到"源"监视器面板,在时间刻度00:00:03:04处按I键标记入点,在时间刻度00:00:07:28处按O键标记出点,如图6-28所示。

图6-28

⑪ 在"时间轴"面板中,将播放指示器移动至V1轨道中"素材9.mp4"和"素材10.mp4"衔接处,如图6-29所示,然后在"源"监视器面板中单击"插入"按钮，此时"素材3.mp4"标记区间的素材将被插入这两段素材之间,如图6-30所示。

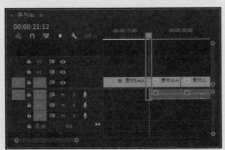

图6-29

图6-30

⑫ 在"时间轴"面板拖动底部滑块放大轨道,选中"素材3.mp4"和"素材10.mp4"之间多出的一帧"素材9.mp4",如图6-31所示。

按Delete键删除此帧和此帧的空隙,使"素材3.mp4"和"素材10.mp4"无缝衔接。

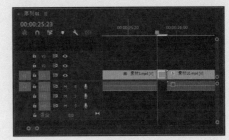

图6-31

◎提示·◦

单击"插入"按钮，素材将会从播放指示器当前所在位置插入轨道,因此需要确定播放指示器处于两段素材的衔接处,如果有所偏差,插入素材后就会出现多余片段,需要删除。可以先拖动滑块放大轨道,确定播放指示器处于前一段素材的末帧和后一段素材的首帧之间,也可以先按照大致位置插入素材,再放大轨道删除多余片段。

⑬ 在"时间轴"面板中将播放指示器移动至"素材10.mp4"和"素材11.mp4"的衔接处,在"源"监视器面板中右击,在弹出的快捷菜单中选择"清除入点和出点"选项,如图6-32所示。标记"素材3.mp4"中00:00:00:00至00:00:03:00这段区间,单击"插入"按钮，使此标记区间的素材从"时间轴"面板V1轨道中播放指示器当前所在位置插入,如图6-33所示。

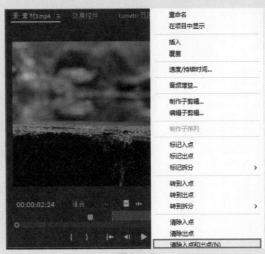

图6-32

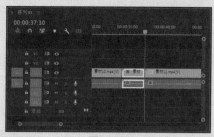

图6-33

⑭ 采用同样的方法，依次进行以下操作：将"素材7.mp4"中00:00:00:00至00:00:05:30区间片段插入"素材11.mp4"和"素材1.mp4"之间；将"素材1.mp4"中00:00:04:03至00:00:06:27区间片段插入轨道中"素材7.mp4"与"素材1.mp4"之间；将添加"素材7.mp4"中00:00:08:00至00:00:13:28

区间片段插入轨道上两段"素材1.mp4"之间；将"素材8.mp4"中00:00:14:53至00:00:21:56区间片段插入末段素材与前一段素材之间；将添加"素材4.mp4"中00:00:04:53至00:00:12:09区间片段插入末段素材与前一段素材之间；添加"素材4.mp4"中00:00:27:22至00:00:37:52区间片段至V1轨道，使其紧接当前末段素材；添加"素材4.mp4"中00:00:00:00至00:00:12:03区间片段至V1轨道，使其紧接当前末段素材；添加"素材2.mp4"整段至至V1轨道，使其紧接当前末段素材；添加"素材5.mp4"中00:00:07:31至00:00:13:25区间片段至V1轨道，使其紧接当前末段素材。操作完毕后，"时间轴"面板如图6-34所示。

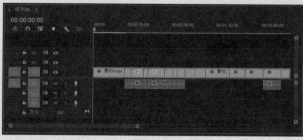

图6-34

6.4 解除视音频链接，添加背景音乐

为了避免出现视频同期声与背景音乐混合，导致音频嘈杂的情况，在编辑视频时需要将视音频分离，然后删除不必要的音频。

扫码看教学视频

① 在"时间轴"面板中使用快捷键Ctrl+A选中所有视频素材，右击，在弹出的快捷菜单中选择"取消链接"选项，如图6-35所示。

图6-35

02 选中A1轨道中的所有音频素材，按Delete键将其删除。

◎提示·∘

　若视频素材没有同期声，可跳过这一操作。

03 在"项目"面板选中"背景音乐.wav"素材，将其拖入"时间轴"面板A1轨道，如图6-36所示。

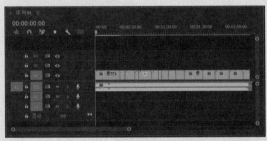

图6-36

6.5 调整片段播放速度

　在编辑过长或过短的素材时，可以通过调整播放速度来将素材缩短或延长。调整片段播放速度的方式有多种，下面对此进行说明。

扫码看教学视频

01 选中V1轨道中的第一段素材"素材9.mp4"，右击，在弹出的快捷菜单中选择"速度/持续时间"选项，如图6-37所示。

图6-37

02 在弹出的"剪辑速度/持续时间"对话框中，将"持续时间"修改为00:00:05:00，且勾选"波纹编辑，移动尾部剪辑"复选框，如图6-38所示。单击"确定"按钮，保存操作。

图6-38

◎提示·∘

　在"剪辑速度/持续时间"对话框中将"速度"数值调高（大于100%）或将"持续时间"缩短后，单击"确定"按钮，素材将会获得整体加速效果，而此时在"时间轴"面板中，加速后的素材会与后面的素材产生空隙，如图6-39所示，还需将空隙删除；而在调整数值后，同时勾选"波纹编辑，移动尾部剪辑"复选框，系统将自动删除由于加速产生的空隙，使前后素材无缝衔接，如图6-40所示。

图6-39

图6-40

03 长按工具栏中的"波纹编辑工具"按钮 ，在弹出的快捷菜单中单击"比率拉伸工具"按钮 或直接按R键，将光标切换成比率拉伸工具，如图6-41所示。向左拖动V1轨道上第三段素材的尾部，使V1轨道上的第三段素材"素材10.mp4"缩短，获得加速效果，如图6-42所示。在此过程中浮现了一行文字，其中"持续时间"前的"-00:00:03:18"表示缩短的时间，而"00:00:04:19"则表示缩短后此素材的持续时间。按A键将光标切换成选择工具，选中由于素材加速产生的空隙部分，按Delete键将其删除。

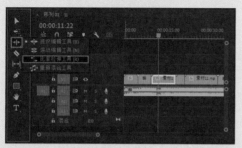

图6-41

图6-42

04 选中V1轨道的第五段素材"素材11.mp4"，使用快捷键Ctrl+R调出"剪辑速度/持续时间"对话框，修改"持续时间"数值为00:00:03:00，勾选"波纹编辑，移动尾部剪辑"复选框，如图6-43所示。单击"确定"按钮保存操作，对此段素材进行加速处理。

图6-43

05 除了对素材进行整体加速、减速外，还可以使用关键帧对其中的部分片段进行加速、减速处理，实现曲线变速效果。选中V1轨道上的第十一段素材"素材1.mp4"，使用快捷键Ctrl++加宽轨道，此时可以在轨道上看到视频画面缩略

图。右击"素材1.mp4"，在弹出的快捷菜单中选择"显示剪辑关键帧"|"时间重映射"|"速度"选项，如图6-44所示。此时轨道上"素材1.mp4"区域变成蓝色，中间有一条白色线段，如图6-45所示。

图6-44

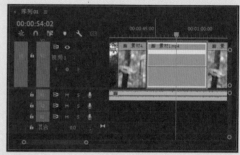

图6-45

> ◎提示·◦
>
> 使用快捷键Ctrl++可以加宽轨道，使用快捷键Ctrl+-可以使轨道变窄。

06 将播放指示器移动至此段素材的首端，单击"添加-移除关键帧"按钮◙，在此处添加一个关键帧，如图6-46所示。然后将播放指示器移动至此素材尾端，单击"添加-移除关键帧"按钮◙，在此处添加一个关键帧，如图6-47所示。

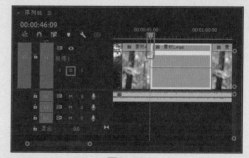

图6-46

图6-47

07 向上拖动两个关键帧中间的白色线段，能够对此线段所包含的区域进行加速，如图6-48所示，拖动时将会出现白色文字实时显示变速倍速。完成操作后，此段素材在轨道上缩短，如图6-49所示。

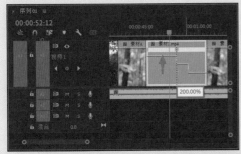

图6-48

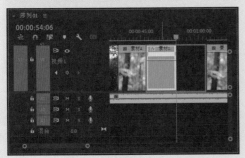

图6-49

08 单击"转到上一关键帧"按钮◀，播放指示器自动跳转至第一个关键帧处，单击第一个关键帧，向右拖动此关键帧，此时，此关键帧分为两半，两半之间形成灰色阴影区，其中白色线段变成斜线，如图6-50所示。

09 单击"转到下一关键帧"按钮▶，播放指示器自动跳转至第二个关键帧处，单击第二个关键帧，向左拖动此关键帧，此时，此关键帧分为两半，两半之间形成灰色阴影区，其中白色线段变成斜线，如图6-51所示。操作完毕后，选中由

于加速效果产生的空隙，按Delete键将其删除。

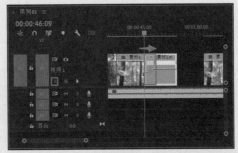

图6-50

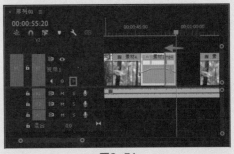

图6-51

⊚ 提示 ·⊙

将一个关键帧分为两半，能够使加速效果显得更平滑自然。除了在"时间轴"面板的轨道中添加关键帧进行操作以外，选中素材后，还可以在"效果控件"面板的"时间重映射"设置中进行同样的操作，如图6-52所示。

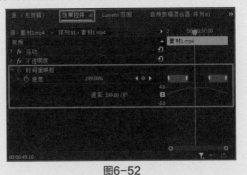

图6-52

10 采用上述任意一种方法对余下素材的速度进行调整，将第六段素材"素材7.mp4"和第八段素材"素材7.mp4"的"速度"数值均调为150%，将第九段素材"素材8.mp4"的"速度"数值调为200%，将第十段素材"素材4.mp4"及第十二段素材"素材4.mp4"的"速度"数值调为200%，将第十三段素材"素

材6.mp4"的"速度"数值调为200%，将第十四段素材"素材2.mp4"的"速度"数值调为300%。操作完毕后，"时间轴"面板如图6-53所示。

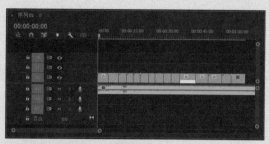

图6-53

6.6 为视频添加转场

完成以上基本操作后，可以为视频添加转场效果，丰富画面的同时，使素材间的衔接更加自然。

扫码看教学视频

01 打开"效果"面板，执行"视频过渡"|"过时"|"渐变擦除"命令，如图6-54所示。将"渐变擦除"效果拖动添加至第九段素材"素材8.mp4"和第十段素材"素材4.mp4"的衔接处。

图6-54

02 在弹出的"渐变擦除设置"对话框内，将"柔和度"设置为60（柔和度越高渐变越自然），如图6-55所示。单击"确定"按钮，保存操作。

图6-55

03 添加完成后，"素材11.mp4"和"素材7.mp4"之间将会出现"渐变擦除"过渡剪辑，如图6-56所示。调整后的效果如图6-57所示。

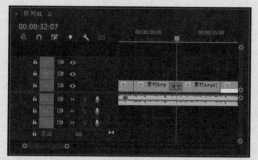

图6-56

图6-57

04 打开"效果"面板，执行"视频过渡"|"溶解"|"胶片溶解"命令，如图6-58所示。将"胶片溶解"效果拖动添加至第五段素材"素材11.mp4"和第六段素材"素材7.mp4"的衔接处，此时将弹出"过渡"对话框，单击"确认"按钮即可。操作完成后，画面效果如图6-59所示。

05 打开"效果"面板，执行"视频过渡"|"内滑"|"推"命令，如图6-60所示。将"推"效果拖动添加至第五段素材"素材11.mp4"入点处，单击轨道上的"推"剪辑，打开"效果控件"面板，单击"自东向西"按钮◀，根据人物行走方向将效果方向改为自东向西，如图6-61所示。操作完成后，画面效果如图6-62所示。

抖音+剪映+Premiere短视频制作从新手到高手（第2版）

图6-58 　　　　　　　　　　　　图6-59 　　　　　　　　　　　　图6-60

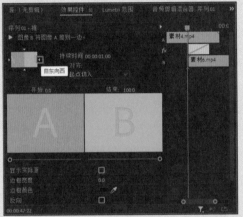

图6-61

图6-62

素材的出点与原始素材的出点相同，那么轨道上素材的出点也会出现白色三角标记，如图6-64所示，此标记表示素材从此处结束，后方没有内容。而如果入点和出点处都不存在白色标记，则意味着此片段是从原始素材中间部分截取出来的，前方和后方都有内容。

图6-63

图6-64

　　如果需要在素材间添加过渡效果，那么系统将会根据过渡效果的持续时长，从素材的入点或出点截取一定的帧数，截取的帧数来源于轨道上的素材入点之前或出点之后原始素材中的内容。

　　单击本案例"时间轴"面板上V1轨道上的"渐变擦除"过渡效果，打开"效果控件"

◎提示·◎

　　如果轨道上素材的入点与原始素材的入点相同，那么轨道上素材的入点位置将会出现白色三角标记，如图6-63所示，此标记表示素材从此处开始播放，前方没有内容；反之，如果轨道上面板，查看此面板右侧的时间标尺区域，如图6-65所示，其中黑色竖线表示两段素材的衔接处，fx表示过渡效果应用的范围。由于轨道上的"素材8.mp4"出点后、"素材4.mp4"入点前还有内容，在应用过渡效果时，系统将从这些内容中截取部分，使过渡更自然。

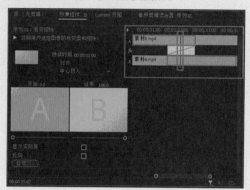

图6-65

单击本案例"时间轴"面板V1轨道上的"胶片溶解"过渡效果，打开"效果控件"面板，查看此面板右侧的时间标尺区域，如图6-66所示。可以看到表示过渡效果应用范围的fx区间被画上了阴影，这是因为"素材11.mp4"出点后、"素材7.mp4"入点前原本没有内容，为了应用过渡效果，系统从"素材11.mp4"的出点处和"素材7.mp4"的入点处截取了一帧画面，并将其延长形成重复帧以补足过渡持续时间，因此在添加过渡效果时会弹出"过渡"对话框予以提示，如图6-67所示。

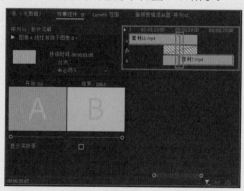

图6-66

图6-67

在此情况下，由于重复帧都是相同的画面，如果过渡时间过长，在过渡时将会出现停顿感，破坏视频的流畅感，比较好的解决方式是缩短过渡持续时长，使停顿感不那么明显。

6.7 添加音频过渡效果及转场音效

完成素材的基本排列和剪辑后，继续为视频添加声音效果。本节主要为视频添加音频过渡效果及转场音效，下面对此进行说明。

扫码看教学视频

01 将播放指示器移动至V1轨道末端，单击工具栏中的"剃刀工具"按钮 或按C键将光标切换成剃刀工具，将A1轨道的音频在此位置进行分割，如图6-68所示。将光标切换为选择工具，选中多余的部分，按Delete键将其删除，如图6-69所示。

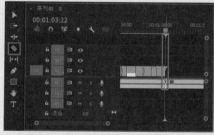

图6-68

图6-69

◎提示•

为了确保播放指示器位于V1轨道末端，可以长按Shift键，同时按↓方向键移动播放指示器，每次移动，播放指示器将会自动吸附在轨道上每段素材的入点或出点的位置，起到精准定位的作用。

抖音+剪映+Premiere短视频制作从新手到高手（第2版）

⓬ 打开"效果"面板，执行"音频过渡"|"交叉淡化"|"恒定增益"命令，如图6-70所示。将效果拖动添加至时间轴A1轨道的起始位置，然后再添加至结束位置，如图6-71所示。此时"背景音乐.wav"获得淡入淡出效果。

图6-70

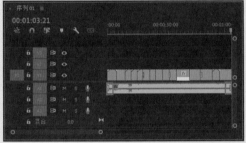

图6-71

⓭ 单击选中A1轨道中第一个"恒定增益"过渡，打开"效果控件"面板，将"持续时间"数值修改为00:00:02:00，如图6-72所示。单击选中A1轨道上的第二个"恒定增益"过渡，打开"效果控件"面板，将"持续时间"数值同样修改为00:00:02:00，如图6-73所示。

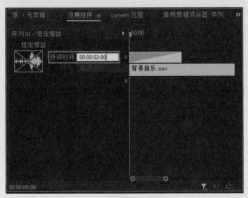

图6-72

图6-73

⓮ 在"项目"面板中找到"转场音效.wav"，将其拖动至"时间轴"面板A2轨道中，使其与第一个转场效果对齐，如图6-74所示。按照相同的方法，为余下两个转场效果添加转场音效。

图6-74

6.8 为片头片尾添加入/出场效果

为了让视频画面效果显得不单调，下面为视频做一个逐渐清晰片头和一个淡出片尾。

扫码看教学视频

⓵ 在"项目"面板中，单击"新建项"按钮🔳，创建一个调整图层，将它拖动添加至V2轨道上，时长与V1轨道第一段视频素材保持一致，如图6-75所示。

图6-75

02 打开"效果"面板，在文字输入框中输入"高斯模糊"进行检索，将对应效果拖动添加至"时间轴"面板V2轨道上的调整图层上。

03 选中V2轨道上的调整图层，打开"效果控件"面板，展开"高斯模糊"卷展栏，在第一帧的位置单击"模糊度"前的"切换动画"按钮，添加一个关键帧，然后将"模糊度"设置为50.0，如图6-76所示。

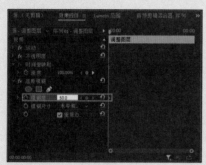

图6-76

04 按住Shift键并连按十次→方向键，将"模糊度"设置为0，此时会自动生成一个关键帧。同时选中两个关键帧，右击，在弹出的快捷菜单中依次选择"缓入"和"缓出"选项，如图6-77所示。

图6-77

◉提示·◦

左、右方向键在"时间轴"面板中可以快速移动当前时间指示器，按住方向键移动一次代表1帧，而按住Shift键后再按方向键，移动一次则代表5帧。设置"缓入""缓出"的作用是为了使播放效果出现得更流畅，不显生硬。

05 完成操作后的画面效果如图6-78和图6-79所示，可以看到画面从模糊逐渐变清晰。

图6-78

图6-79

06 单击选中V1轨道中的最后一段素材，打开"效果控件"面板，打开"不透明度"卷展栏，将时间线移动至最后一帧，单击"不透明度"前的"切换动画"按钮，添加一个关键帧，并将数值调为0.0%，如图6-80所示。

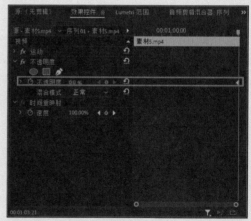

图6-80

07 长按Shift键并连按十次←方向键，将"不透明度"数值调回100.0%，此时会自动生成一个关键帧。同时选中两个关键帧，右击，在弹出的快捷菜单中依次选择"缓入"和"缓出"选项，如图6-81所示。

图6-81

图6-83

08 完成操作后的画面效果如图6-82~图6-84所示，可以看到画面逐渐变暗。

图6-84

图6-82

6.9 添加文字动画效果

01 在工具栏中单击的"文字工具"按钮 **T** 或按T键将光标切换成文字工具，在"节目"监视器面板中输入文字"春日出游登高望远"，此时"时间轴"面板V3轨道将会出现文字图层素材，右侧的"基本图形"面板也会自动打开，如图6-85所示。在"时间轴"面板调整文字素材时长与调整图层保持一致。

扫码看教学视频

图6-85

◎提示·◦

　　打开"基本图形"面板，单击"新建图层"按钮▣，在弹出的菜单中选择"文本"或"直排文本"选项，也可以建立文字图层输入文字，如图6-86所示。

图6-86

② 在"节目"监视器面板的文字输入框中使用快捷键Ctrl+A选中所有文字，在"基本图形"面板

中对文字进行设置。单击"文本"下方的下拉菜单，更换字体，拖动"字体大小"选择标尺上的滑块将字体放大至合适大小，然后依次单击"水平居中对齐"按钮▣和"垂直居中对齐"按钮▣，使文字位于视频画面的正中间，如图6-87所示。

③ 勾选"阴影"复选框，对各项参数进行设置，为文字添加黑色阴影效果，如图6-88所示。最终画面效果如图6-89所示。

④ 双击"项目"面板的空白处，在"导入"对话框中选择贴图素材"花.png"，将其添加至"项目"面板，然后将此素材添加至"时间轴"面板，使其与文字素材对齐，此时"时间轴"面板将会自动生成V4轨道。选中此素材，打开"效果控件"面板，调整此贴图素材的位置、缩放大小和旋转等参数，如图6-90所示。

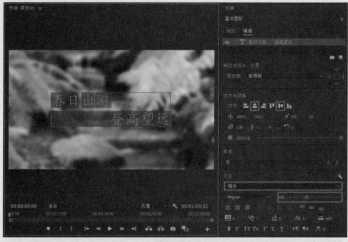

图6-87

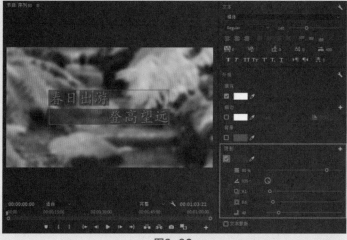

图6-88

图6-89

05 按住Alt键，将V4轨道上的素材"花.png"向上拖动，将其放置于自动生成的V5轨道上，选中

V5轨道上的素材，打开"效果"面板，执行"视频效果" | "变换"命令，然后将其中的"垂直翻转"和"水平翻转"两个效果添加至V5轨道的素材中，打开"效果控件"面板，调整V5轨道上素材的位置，如图6-91所示。

06 单击选中V4轨道上的素材，将播放指示器移动至时间刻度00:00:00:00处，在"效果控件"面板单击"位置"前的"切换动画"按钮，在此添加第一个关键帧，长按Shift键，连续按五次→方向键移动播放指示器，接着调整此素材的位置，使其位于文字的左上方，如图6-92所示。此时系统将在此位置自动打上关键帧，形成关键帧动画路径。

图6-90

图6-91

图6-92

07 在"效果控件"面板同时选中两个关键帧，右击，在弹出的快捷菜单中依次选择"临时差值"|"缓入"和"临时差值"|"缓出"选项，如图6-93所示。

08 采用同样的方法为V5轨道上的素材添加关键帧，制作关键帧动画，使其从当前位置移动至文字素材右下方，如图6-94所示。

09 在"时间轴"面板单击选中V3轨道上的文字素材，将播放指示器移动至时间刻度00:00:00:00处，在"效果控件"面板单击"不透明度"卷展栏中的"创建4点多边形蒙版"按钮▣，此时"节目"监视器面板中将会出现一个四边形蒙版路径。长按Shift键，连续按四次→方

向键移动播放指示器，在"节目"监视器面板中调节蒙版路径，使文字全部位于蒙版路径中，如图6-95所示。单击"蒙版路径"前的"切换动画"按钮◉，在此添加一个关键帧。

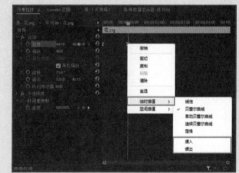

图6-93

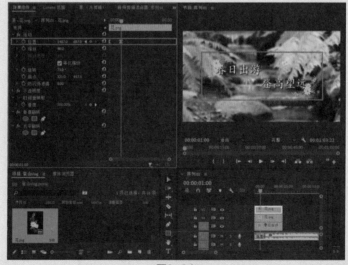

图6-94

98

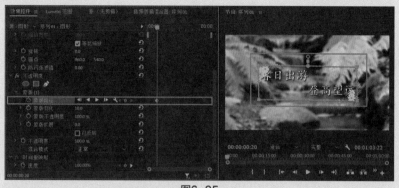

图6-95

⑩ 将播放指示器移动至时间刻度00:00:00:00处，在"节目"监视器面板中，将蒙版路径移动至文字正中间的位置，使其合并为一条线，如图6-96所示。系统将在此自动添加一个关键帧，形成关键帧动画路径。

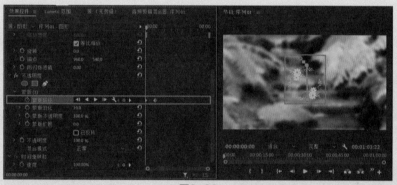

图6-96

⑪ 在"时间轴"面板中同时选中V3轨道上的文字素材和V4、V5轨道上的素材，右击，在弹出的快捷菜单中选择"嵌套"选项，如图6-97所示，将这三个素材嵌套为一个序列。此时"时间轴"面板V3轨道将会出现名为"嵌套序列01"的剪辑素材，如图6-98所示。

图6-98

图6-97

◎提示•◦

　　将若干素材嵌套为一个序列，使它们变成一个剪辑素材，在此剪辑素材上添加的效果能够同时作用于嵌套序列内的所有素材，提高剪辑效率。如果需要对嵌套序列中的素材进行编辑，在"时间轴"面板双击嵌套序列，"时间轴"面板将会从"序列01"切换至"嵌套序列01"，如图6-99所示。单击"时间轴"面板上方的"序列01"标签文字，即可切换回"序列01"。

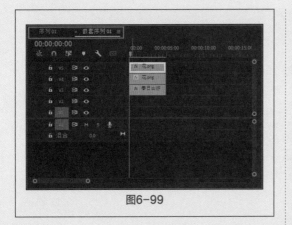

图6-99

⑫ 按住Shift键，将播放指示器移动至V3轨道素材的出点，单击选中此素材，在"效果控件"面板单击"不透明度"前的"切换动画"按钮

，在此添加一个关键帧，并将"不透明度"数值设置为0.0%；按住Shift键，同时连按五次←方向键，将"不透明度"数值调为100.0%，在此添加一个关键帧，如图6-100所示。

图6-100

⑬ 操作完毕后，画面效果如图6-101～图6-106所示。

图6-101   图6-102   图6-103

图6-104   图6-105   图6-106

6.10 对画面进行调色

所有效果制作完毕后，就需要对画面进行调色处理，以弥补前期拍摄时所产生的画面效果不佳的问题。

扫码看教学视频

① 在"项目"面板中单击"新建项"按钮，创建一个新的调整图层，并将其拖动添加至V4轨道中，时长与视频总时长保持一致。单击选中此调整图层，打开"Lumetri颜色"面板，并展开"基本校正"卷展栏，如图6-107所示。

② 播放视频预览画面，将光标切换成剃刀工具，依照V1轨道上的素材，将V4轨道的素材分割成若干块，如图6-108所示。

③ 在"节目"监视器面板中单击"比较视图"按钮，"节目"监视器面板将会出现左右两个画面，左侧为"参考"画面，调节下方选择标尺上的滑块，可以从当前视频中选取一个画面当成调色参考；右侧为"当前"画面，显示"时间轴"面板中播放指示器所处位置的画面。这里将"参考"画面下方的选择标尺移动至时间刻度00:00:03:00处，以此画面作为调色参考，如图6-109所示。

图6-107

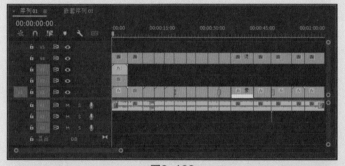

图6-108

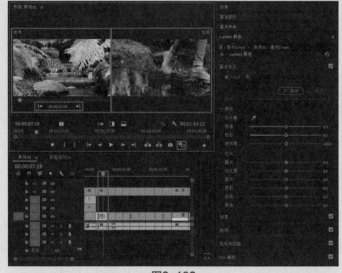

图6-109

04 将播放指示器移动至V1轨道第二个素材处，单击选中V4轨道中相应的调整图层，在"基本颜色"面板中调节各项参数，使当前画面的颜色接近参考画面颜色，如图6-110所示。

05 移动播放指示器，参照参考画面，对余下素材进行调色处理，使视频整体颜色趋向和谐，如图6-111和图6-112所示。

01
02
03
04
05
06

第6章 Premiere Pro 功能强大的视频剪辑软件

07
08
09
10
11
12

101

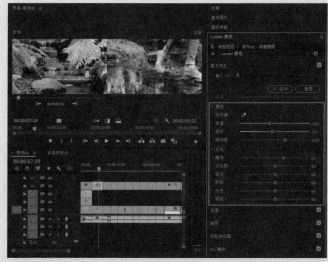

图6-110

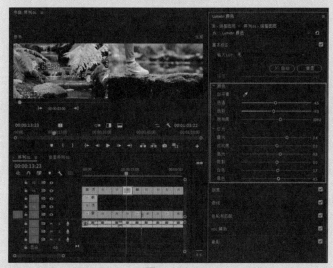

图6-111

图6-112

> **提示·**
>
> 　　此处没有给出具体的参数设置，因为调色没有固定的参数，也没有万能模板可以套用，这一张图的色调不一定适用另一张。在开始调色之前，需要对调色的原理有一个基本的认识，而不是单纯地去模仿某一种色调。

6.11 在Premiere Pro中输出成片

　　完成所有操作后，就可以将剪辑项目输出为成片进行保存和分享。

① 单击工作区布局栏中的"导出"按钮，或使用快捷键Ctrl+M进入"导出"界面，即可对导出视频的参数进行设置，在此将"文件名"修改为"登高vlog.mp4"，在"预设"下拉菜单中选择"高品质1080p HD"选项，在"格式"下拉菜单中选择"H.264"选项，展开"视频"卷展栏，可以对输出的视频进行更多设置，如图6-113所示。

扫码看教学视频

扫码看成片展示

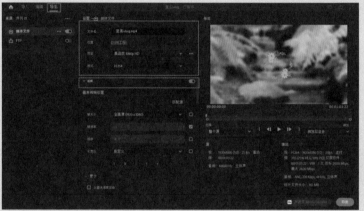

图6-113

② Premiere Pro可以一次导出多个格式的视频。上一步设置完毕后，单击"来源：序列01"右侧的■■按钮，在弹出的菜单中选择"添加媒体文件目标"选项，此时将会出现一个新的"媒体文件"选项，打开新出现的"媒体文件"开关，可以对此媒体文件进行设置，这里将"预设"设置为"高品质720p HD"，如图6-114所示。单击右下角的"导出"按钮，即可导出视频。

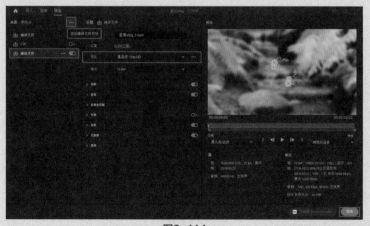

图6-114

03 在设置好的储存路径中找到视频文件，可以看到从Premiere Pro中同时导出了两个视频，如图6-115所示。这样就可以按照各个平台的要求同时导出多个格式的视频文件。

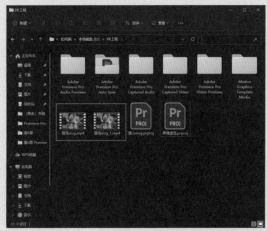

图6-115

6.12 本章小结

通过本章内容的学习，相信读者对Premiere Pro常用的功能已经有了基本了解，想要熟练地掌握各功能的运用方法必须经过长时间的练习，如果遇到了困难，不妨先放下手头的工作，去网上看看其他创作者的作品，吸取别人的优点，多与别人交流，总结自己视频中的不足之处，从剪辑、内容、音乐、字幕等多个方面来分析如何将视频做得更好。

第7章
辅助工具，解决短视频制作的多重需求

　　短视频的创作除了要依靠前期拍摄和后期处理，使用合适的辅助工具也是非常有必要的。辅助工具不仅能提高制作效率、节省内存空间，还能提升画面品质。本章将介绍一些制作短视频时常用的录屏工具、格式转换工具、压缩工具、图像处理工具和字幕添加工具。

7.1 实战——使用Camtasia录制电脑屏幕

　　Camtasia是一款集录屏、剪辑、制作等功能于一体的强大软件，本节使用的软件版本为Camtasia 2021.0.0。启动Camtasia，在欢迎界面有"新建项目""从模板新建""新建录制""打开项目"四个按钮，如图7-1所示。单击"新建项目"按钮，即可进入软件主界面，如图7-2所示。

扫码看教学视频

　　在欢迎界面单击"新建录制"按钮◯，或在主界面中单击"录制"按钮◯，会弹出"捕获"对话框和绿色的录制选框，如图7-3所示，"区域"设置的缩略图显示的就是当前录制画面。

图7-2

图7-3

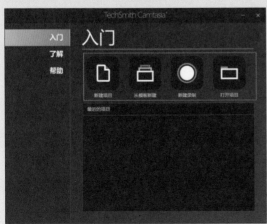

图7-1

　　在"捕获"对话框中，用户可打开"区域"设置中的下拉菜单，调整屏幕录制的规格，或移动录制选框的边缘的控制点，手动调整录制范围，如图7-4所示。

　　调整完成后，单击"录制"按钮■，或按F9键即可开始屏幕录制。录制时会弹出计时框，用户可以对当前录制的内容进行删除、暂停和停止等操作，如图7-5所示。

图7-4

图7-5

单击"停止"按钮 ■，录制好的画面会导入Camtasia主界面，用户可以对画面进行进一步处理，如图7-6所示。

图7-6

7.2 实战——使用"录屏"功能录制手机屏幕

本节以iPhone手机为例，演示使用"录屏"功能录制手机屏幕的方法。在屏幕右上角下滑弹出功能菜单，点击"屏幕录制"按钮 ◉，即可开始录制屏幕，如图7-7所示。长按"屏幕录制"按钮

◉，进入设置界面，打开麦克风的开关 🎤，即可将屏幕外的声音录制进去，如图7-8所示。

图7-7　　　　　　　图7-8

7.3 实战——使用格式工厂转换视频格式

格式工厂是一款免费的多媒体格式转换软件，该软件操作简单，非常适合新手使用。打开格式工厂软件，在界面左侧可以根据需求选择需要转换的格式，如图7-9所示。

图7-9

如果要将其他格式的视频转换成MP4格式，可以单击"→MP4"按钮，进入文件添加界面，将需要转换的文件添加至此面板，在面板左下方可以修

改导出文件的存放位置，如图7-10所示。单击右上角的"输出配置"按钮⚙️，可在弹出的对话框中调整参数、设置水印等，如图7-11所示。

图7-10

图7-11

设置完毕后，单击"确定"按钮⊘保存操作，然后回到文件添加界面，单击此界面的"确定"按钮⊘，文件将被添加至导出栏，单击"开始"按钮▶，即可开始文件格式的转换，用户可查看输出及转换状态，如图7-12所示。

图7-12

7.4 实战——使用小丸工具箱压缩视频

扫码看教学视频

小丸工具箱是一款处理音视频等多媒体文件的软件，压缩文件时快捷高效，且不易损坏视频画质。在"视频"选项卡中，直接将需要压缩的视频素材添加至"视频"栏，在"输出"栏中可以修改素材名称，然后即可设置各项参数，如图7-13所示。如果需要批量压制视频，将所有视频素材全部添加至"批量压制"栏中即可。

图7-13

以单独压制为例，在设置完各项参数后，单击"压制"按钮，软件便会自动开始压缩，原始文件越大压制速度越慢，如图7-14所示。

图7-14

压缩前后的文件大小对比如图7-15和图7-16所示，经过压缩之后，视频所占的空间大大缩小了。

图7-15

图7-16

7.5 实战——使用《美图秀秀》处理短视频封面

制作一张精美的封面是短视频创作过程中必不可少的一步，因为封面是吸引观众视线的重要因素之一。《美图秀秀》是集照片特效、人像美容、图片美化等功能于一体的图像处理软件，能够满足日常创作时制作封面的需求。下面介绍如何使用美图秀秀中的图片美化功能，制作一张精美的短视频封面图。

启动美图秀秀APP，在主界面点击"图片美化"按钮，在本地相册中选择封面图片，将其添加至美图秀秀中。点击工具栏中的"抠图"按钮，点击"人体1"按钮，软件将会自动识别画面中的人物，如图7-17所示。

点击"背景替换"按钮，在弹出的浮窗中为图片选择一个合适背景图案，如图7-18所示。点击✓按钮，保存操作。

再次点击"人体1"按钮，点击"描边"按钮，选择一个合适的描边样式，对描边的颜色和粗细进行调节，并将人物移动至画面左侧，如图7-19所示。点击✓按钮，保存操作。

图7-17

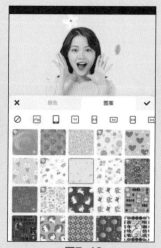

图7-18

图7-19

返回编辑主界面，点击"文字"按钮，在弹出的浮窗中选择合适的文字素材作为画面装饰，并将其放置于合适的位置，如图7-20所示。然后再选择一个文字素材，双击修改其中的文字，将"快乐出发01"作为标题，如图7-21所示。操作完成后，点击✓按钮，保存操作。

点击"涂鸦笔"按钮，选择一个画笔样式，在画面中进行涂鸦作为装饰，如图7-22所示。点击✓按钮，保存操作。

图7-20　　　　　　　　　　图7-21　　　　　　　　　　图7-22

完成制作后，点击"保存"按钮，将图像保存至相册，最终效果如图7-23所示。

图7-24

7.6 实战——使用网易见外工作台快速添加视频字幕

图7-23

图7-25

网易见外工作台是一个集视频听翻、直播听翻、语音转写、文档直翻功能于一体的AI智能语音转写听翻平台。在制作短视频时，用户可以根据需求选择不同功能，如图7-24所示。下面介绍如何使用"视频转写"功能快速为视频添加字幕。

扫码看教学视频

单击 按钮进入"视频转写"界面，为项目设置一个名称，然后将需要进行转换的视频上传，并根据视频语言选择文件语言，如图7-25所示。设置完成后单击"提交"按钮，平台将自动进行处理，效果如图7-26所示。

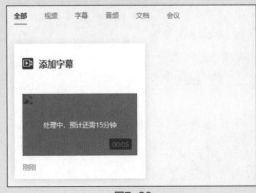

图7-26

处理完毕后，单击缩略图即可查看文件，如图7-27所示。双击文字可以修改不正确的词句，单击"导出"按钮，即可将字幕文件保存到计算机中。

图7-27

在Premiere Pro中创建一个剪辑项目，将原始视频和字幕文件导入"项目"面板，将视频添加至"时间轴"面板建立序列，然后将字幕文件添加至"时间轴"面板，系统将会生成一条字幕轨道，如图7-28所示。双击字幕文件，即可在"基本图形"面板中对文字的样式进行修改，如图7-29所示。

图7-28

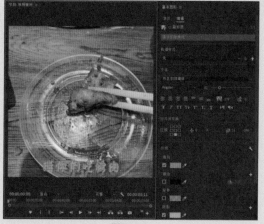

图7-29

导出视频，最终效果如图7-30所示。

图7-30

7.7 本章小结

本章介绍了录屏、视频格式转换、压缩视频、图像处理和字幕添加等操作，用户可以根据自身需求选择合适的辅助工具，这样不仅可以在后期处理时提高制作效率，还能有效地提升视频质量，节省存储空间。

第8章
片头片尾，迅速打造个性短视频账号

片头和片尾是视频中承上启下的桥梁和纽带，可以增加影片的完整性。在短视频中虽然只有短短几秒，但却是非常重要的组成部分。片头通常用来引入正片主题，可以使观众的注意力迅速集中投入影片中，片尾则起到总结全片内容的作用。

8.1 实战——镂空文字渐隐片头

在黑场素材上以镂空文字显示标题，使用裁剪效果、调节不透明度，就能够制作镂空文字渐隐开场效果。类似开场常见于影视片头，在交代片名的同时，引导观众逐渐进入观影状态。具体制作方法如下。

扫码看教学视频

01 启动Premiere Pro软件，执行"新建项目"命令，在"导入"界面将项目命名为"镂空文字渐隐片头"，设置项目储存位置，选择需要使用的素材，单击"创建"按钮，创建项目，如图8-1所示。

图8-1

02 在"项目"面板中将剪辑素材"素材.mp4"移动至"时间轴"面板，此时系统将按照"素材.mp4"的参数设置建立一个序列，且使"素材.mp4"位于此序列的V1轨道中。在"项目"面板中单击"新建项"按钮 ，在弹出的下拉菜单中选择"黑场视频"选项，建立一个黑场视频素材，将黑场视频素材添加至"时间轴"面板V2轨道中，并使其长度与V1轨道上的素材保持一致，如图 8-2所示。

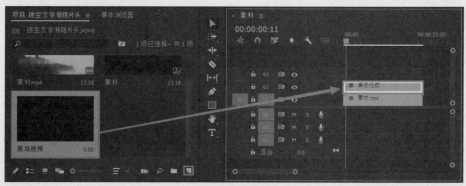

图8-2

03 打开"效果"面板，在文字输入框中输入"裁剪"进行检索，将"裁剪"效果添加至V2轨道上的黑场视频素材上，打开"效果控件"面板，将播放指示器移动至时间刻度00:00:00:00处，单击"裁剪"卷展栏中"顶部"和"底部"参数前的"切换动画"按钮 ⏱，添加一个关键帧，如图8-3所示。

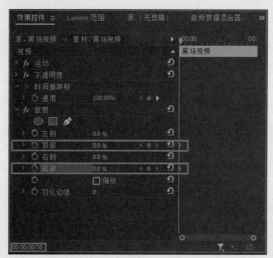

图8-3

04 按住Shift键，连续按→方向键，使播放指示器位于时间刻度00:00:03:10处，在此将"顶部"和"底部"的数值均设置为55.0%，此时系统会自动打上关键帧；将"羽化边缘"的数值调为100，如图8-4所示。

05 在"效果控件"面板同时选中这四个关键帧，右击，在弹出的快捷菜单中依次选择"缓入""缓出"选项，如图8-5所示。

06 展开"顶部"参数，单击选中第二个关键帧，向左拖动此关键帧左侧的手柄，如图8-6所示。

两个关键帧之间的路径动画就有了先快后慢的效果。对"底部"参数进行同样的操作，保持效果一致。

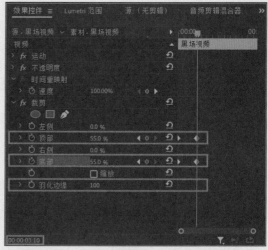

图8-4

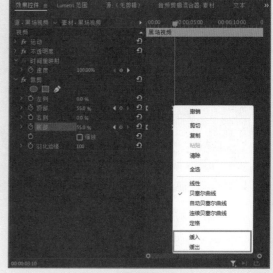

图8-5

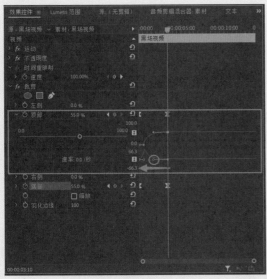

图8-6

07 在"效果控件"面板中打开"不透明度"卷展栏,将播放指示器移动至时间刻度00:00:00:00处,单击"不透明度"前的"切换动画"按钮⌚,在此添加一个关键帧。然后将播放指示器移动至时间刻度00:00:03:10处,将"不透明度"数值调为0.0%,系统将自动打上关键帧,如图8-7所示。

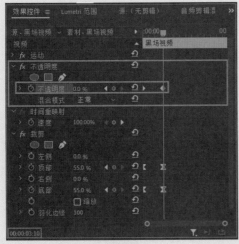

图8-7

•提示•

如果需要一个参数的关键帧与另一个参数的关键帧对齐,可以单击"转到上一关键帧"按钮◀和"转到下一关键帧"按钮▶。以此案例为例,要使黑场视频的"不透明度"参数变化与"裁剪"效果的两个参数变化效果保持一致,可

以先单击"顶部"参数右侧的"转到上一关键帧"按钮◀,使播放指示器跳转至此参数的第一个关键帧处,然后再单击"不透明度"前的"切换动画"按钮⌚,为"不透明度"参数打上第一个关键帧,如图8-8所示。然后再单击"顶部"参数右侧的"转到下一关键帧"按钮▶,调节"不透明度"的数值,让系统在此打上关键帧,如图8-9所示。这样就能使这两个参数的关键帧对齐。

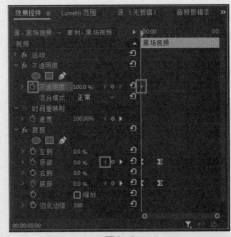

图8-8

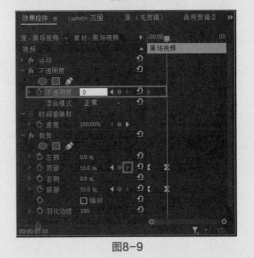

图8-9

08 在工具栏中单击"文字工具"按钮T或按T键切换光标,在"节目"监视器面板中单击画面,在出现的文字输入框中输入标题文字"独钓一江秋",此时"时间轴"面板的V3轨道中将会出现文字素材,将此素材拉至与V1轨道上的素材等长,然后打开"基本图形"面板,如图8-10所示。

09 在"节目"监视器面板的文字输入框中使用快捷键Ctrl+A全选文字，在"基本图形"面板中为文字选择合适字体，并将字体调至合适大小，单击"仿粗体"按钮▼加粗文字，然后再依次单击"水平居中对齐"按钮▣和"垂直居中对齐"按钮▣，

使文字位于画面的正中央，如图8-11所示。

10 在"项目"面板中选中"素材.mp4"，将其拖动至"基本图形"面板中文字"独钓一江秋"下方，如图8-12所示，此时在"节目"监视器面板中，文字下方会显示"素材.mp4"的画面。

图8-10

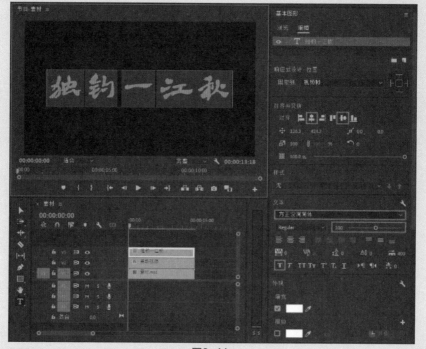

图8-11

图8-12

⑪ 单击"基本图形"面板中的文字素材，向下滑动面板，勾选"文本蒙版"复选框，此时文字素材将变成文字蒙版，形成文字镂空效果，如图8-13所示。

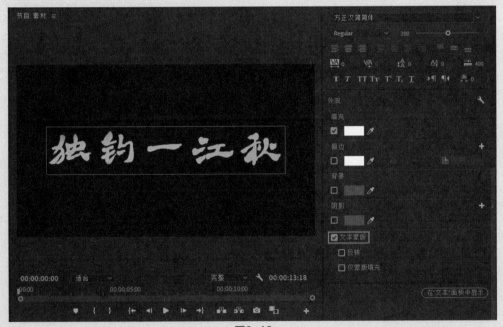

图8-13

⑫ 打开"效果控件"面板，单击"不透明度"前的"切换动画"按钮 ⊙，在时间刻度00:00:00:00处添加一个关键帧，然后将播放指示器移动至时间刻度00:00:03:10处，将"不透明度"数值设置为0.0%。此时所有关键帧效果都会保持一致。

⑬ 预览后对视频效果进行微调。为了加长文字画面停留时间，可将关键帧动画效果向右移动。在"时间轴"面板中单击选中V2轨道上的黑场视频，将播放指示器移动至时间刻度00:00:01:00处，在"效果控件"面板中选中所有关键帧，长按并移动"不透明度"参数的第一个关键帧，将其移动至播放指示器所在位置，此时所有关键帧都同时向后移动了1秒，如图8-14所示。对V3轨道上文字素材的关键帧进行相同的处理。

⑭ 制作完成后即可导出视频，画面效果如图8-15～图8-17所示。

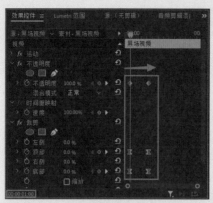

图8-14

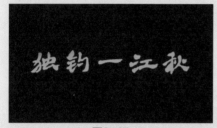

图8-15

图8-16

图8-17

栏中执行"文件"|"新建"|"序列"命令或使用快捷键Ctrl+N调出"新建序列"对话框,在"序列设置"选项卡中选择一个合适的序列预设,如HDV卷展栏中的视频预设为"HDV 1080 p30",单击"确定"按钮,建立预设。

02 在"项目"面板中单击"新建项"按钮,在弹出的下拉菜单中选择"颜色遮罩"选项,在弹出的"新建颜色遮罩"对话框中单击"确定"按钮,在弹出的"拾色器"对话框中,为颜色遮罩选择一个合适的颜色,如图8-18所示。单击"确定"按钮,将此颜色遮罩命名为"背景",再次单击"确定"按钮,此时"项目"面板出现一个名为"背景"的颜色遮罩素材,如图8-19所示。将"背景"添加至"时间轴"面板V1轨道中。

图8-18

图8-19

8.2 实战——分屏滑动开场

本例将利用基本图形、超级键以及关键帧制作分屏滑动开场效果。具体操作方法如下。

扫码看教学视频

01 在Premiere Pro中新建一个名称为"分屏滑动开场"的项目,将"素材.jpg"素材导入"项目"面板,在菜单

⊙提示·○

在选择颜色时,可以拖动色轮进行选择,也可以在输入框中输入颜色代码选择特定的颜色,此步骤所制作的颜色遮罩素材的颜色编码为FCCD67。在"项目"面板中双击颜色遮罩素材,将会弹出"拾色器"对话框,可以再次调节颜色遮罩素材的颜色;为颜色遮罩命名是为了方便在"时间轴"面板中区分各项素材,避免将素材放错轨道。

03 打开"基本图形"面板，单击"编辑"标签，进入"编辑"选项卡，单击"新建图层"按钮■，在弹出的下拉菜单中选择"矩形"选项，此时"节目"监视器面板将会出现灰色矩形，"时间轴"面板V2轨道中也会出现一个名为"图形"的素材，在"时间轴"面板中右击此素材，在弹出的快捷菜单中选择"重命名"选项，将此素材重命名为"背景条纹"，如图8-20所示。

04 在"节目"监视器面板依次拖动灰色矩形四条边上的锚点，将矩形放大至合适的位置，然后在"基本图形"面板中取消勾选"填充"复选框，勾选"白色描边"复选框，并将"描边"数值设置为10.0，如图8-21所示，此时在"节目"监视器面板中可以看到，矩形的灰色填充色消失，只剩下白色描边。在"基本图形"面板中依次单击"水平居中对齐"按钮■和"垂直居中对齐"按钮■，使图形整体居中。

图8-20

图8-21

第8章 片头片尾，迅速打造个性短视频账号

05 在"基本图形"面板中单击选中"形状01"素材，使用快捷键Ctrl+C复制此素材，然后使用快捷键Ctrl+V将此素材粘贴四次，此时"基本图形"面板中有五个"图形01"素材。单击选中从上往下数的第二个"图形01"素材，将"缩放"数值调为90，此时"节目"监视器面板中将会出现一个略小一点的白色边框，如图8-22所示。

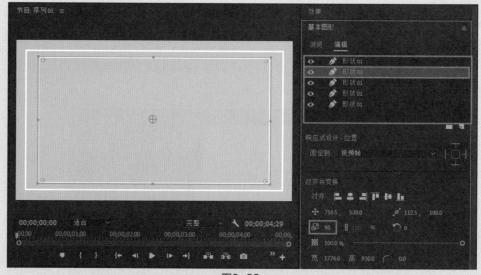

图8-22

06 对余下的素材进行相似处理，将"缩放"数值依次设置为80、70、60，设置完毕后，"节目"监视器面板的画面中将会出现五个大小不同、等距排列的白色边框，如图8-23所示。

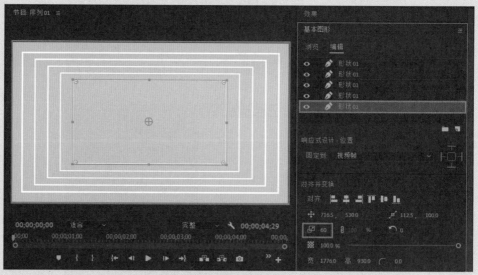

图8-23

07 在"时间轴"面板中单击空白处取消选中状态，然后在"基本图形"面板中单击"新建图层"按钮▣，建立一个矩形图层，将V3轨道上出现的"图形"素材重命名为"滑动色块"，在"基本图形"面板中将"缩放"数值调为150，如图8-24所示。

08 在"基本图形"面板中，勾选"填充"复选框，并将颜色设置为蓝色（颜色编码为71B4FF）；取消勾选"描边"复选框，此时"节目"监视器面板中将会出现一个蓝色的矩形图像，如图8-25所示。

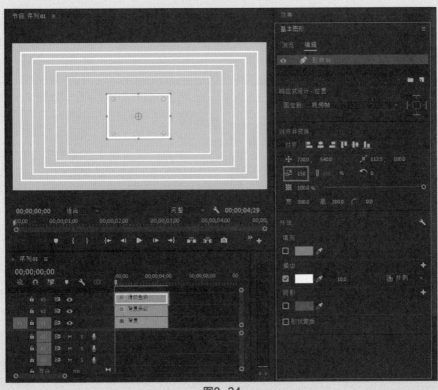

图8-24

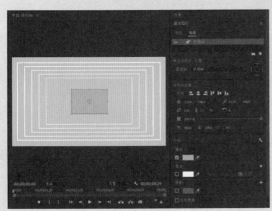

图8-25

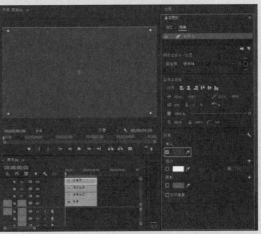

图8-26

09 采用同样的方式在V4轨道上建立一个填充灰色的矩形素材，将其重命名为"遮罩层"，并在"节目"监视器面板中拖动矩形四条边上的四个锚点，使矩形与视频大小相同，如图8-26所示。

10 在"时间轴"面板中将V4轨道上的素材向上移动至V5轨道，将V4轨道空出；选中V3轨道上的"滑动色块"素材，长按Alt键，将其拖至V6轨道，此时V6轨道将会出现此素材的复制素材。操作完毕后，"时间轴"面板中的轨道素材排布如图8-27所示。

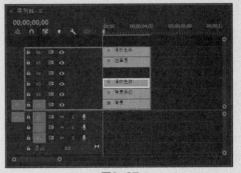

图8-27

01
02
03
04
05
06
07
08
09
10
11
12

⑪ 在"项目"面板中选中"素材.mp4"，将其添加至"时间轴"面板V4轨道上，调整其他轨道上素材的长度，使它们与V4轨道上的素材长度保持一致。然后单击V4轨道上的"切换轨道输出"按钮◎，关闭此轨道，如图8-28所示。

图8-28

◎提示•·○

如果所使用的素材与序列设置不符，需在"剪辑不匹配警告"对话框中单击"保持现有设置"按钮，并在"时间轴"面板右击此素材，在弹出的快捷菜单中选择"设为帧大小"选项，使素材画面与序列设置相符合。

⑫ 单击选中V5轨道上的"遮罩层"素材。打开"效果控件"面板，将播放指示器移动至时间刻度00:00:00:00处，单击"图形"设置下"矢量运动"卷展栏中"缩放"前的"切换动画"按钮◎，在播放指示器当前所处位置添加一个关键帧，然后将播放指示器移动至时间刻度00:00:02:00处，调节"缩放"数值为48.0，系统在此自动添加关键帧。此时在"节目"监视器面板中，"遮罩层"的大小略大于"滑动色块"大小，如图8-29所示。

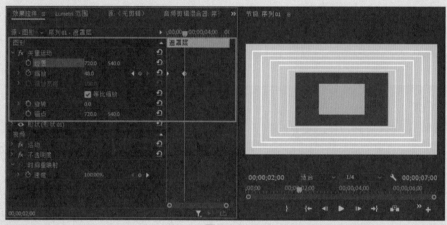

图8-29

⑬ 将播放指示器移动至时间刻度00:00:04:00处，将"缩放"数值调为100.0，系统自动添加关键帧。在"效果控件"面板同时选中这三个关键帧，右击，在弹出的快捷菜单中依次选择"缓入""缓出"选项，然后展开"缩放"参数，向左拖动最右侧的手柄，改变运动速率曲线，如图8-30所示。此时，此素材就有了快速缩小至快速放大的动画效果。

⑭ 单击V5轨道的"切换轨道输出"按钮◎，关闭此轨道，单击选中V3轨道上的"滑动色块"素材，将播放指示器移动至时间刻度00:00:00:00处，单击"图形"设置下"矢量运动"卷展栏中"位置"前的"切换动画"按钮◎，在播放指示器

当前所处位置添加一个关键帧，长按位置右侧的第一个数值（此数值表示水平位置），向左拖动，使此素材向左移动至画面外，如图8-31所示。

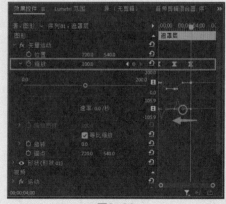

图8-30

图8-31

⑮ 依次将播放指示器移动至时间刻度
00:00:02:00和00:00:04:00处，单击"添加/移除
关键帧"按钮◎，在这两个位置手动添加关键
帧，如图8-32所示。此时，这三个关键帧的画
面相同，没有动画效果。

⑯ 单击"转到上一关键帧"按钮◀，使播放
指示器跳转至第二个关键帧处，长按并向右拖
动水平位置的数值，使此素材向右移动进入画
面，使其右侧边线与视频画面右侧边线重合，如
图8-33所示。此时，素材就有了从右进入至向
左退出的动画效果。

⑰ 同时选中这三个关键帧，右击，在弹出的
快捷菜单中依次选择"临时差值"|"缓入"和

"临时差值"|"缓出"选项，展开"位置"参
数，向左拖动最右侧的手柄，改变运动速率曲
线，如图8-34所示。

图8-32

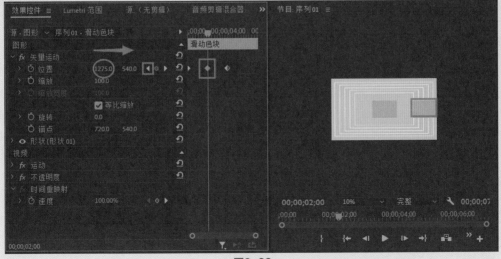

图8-33

第8章　片头片尾：迅速打造个性短视频账号

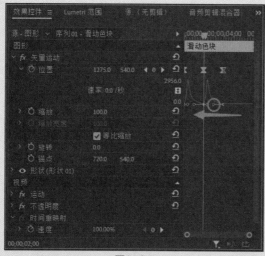

图8-34

⑱ 单击选中V6轨道上的"滑动色块"素材，按照步骤14至步骤17，为此素材添加关键帧动画。操作的方法相同，但移动的方向相反。

⑲ 在"时间轴"面板中依次单击V4和V5轨道的"切换轨道输出"按钮 ◉，打开这两个被关闭的素材。

⑳ 在"效果"面板中搜索"轨道遮罩键"效果，将此效果添加至V4轨道的"素材.mp4"中，打开"效果控件"面板，在"轨道遮罩键"卷展栏中打开"遮罩"下拉菜单，选择"视频5"选项，如图8-35所示。此时"素材.mp4"的画面在"遮罩层"的画面中出现，如图8-36所示。

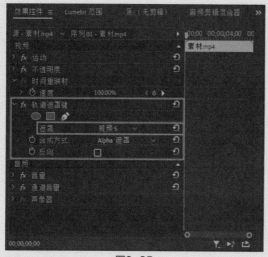

图8-35

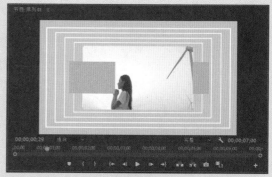

图8-36

㉑ 单击空白处，取消"时间轴"面板的选中状态。在"基本图形"面板中单击"新建图层"按钮 ▤，选择"文本"选项，将文字修改为标题文字Heart Hope，此时V7轨道上将出现文字素材，将文字素材拉至与视频素材等长。全选文字，在"基本图形"面板中设置文字的字体、大小和外观，并使文字居中，如图8-37所示。

图8-37

㉒ 为文字添加关键帧动画。选中文字素材，在"效果控件"面板的"图形"设置中找到并打开"矢量运动"卷展栏，为"缩放"参数添加两个关键帧，第一个关键帧位于时间刻度00:00:00:00处，第二个关键帧位于时间制度00:00:02:00处，在第一个关键帧将"缩放"数值设为250.0，第二个关键帧的"缩放"数值保持不变。同时选中这两个关键帧，右击，在弹出的快捷菜单中依次选择"缓入""缓出"选项，然后展开"缩放"参数，向左移动最右侧手柄，改变运动速率曲线，如图 8-38所示。此时，文字有了快速缩小的动画效果。

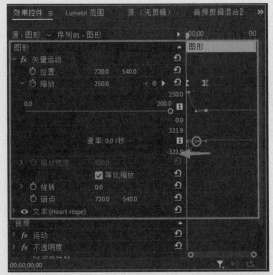

图8-38

图8-40

图8-41

图8-42

23 收起"矢量运动"卷展栏，打开下方的"文本"卷展栏，为"不透明度"参数添加三个关键帧，分别位于时间刻度00:00:00:00、00:00:02:00、00:00:04:00处，并将第一个和第三个关键帧的"不透明度"数值设为0.0%，同时选中这三个关键帧，右击，在弹出的快捷菜单中依次选择"缓入""缓出"选项，如图8-39所示。此时，文字素材有了淡入淡出的效果。

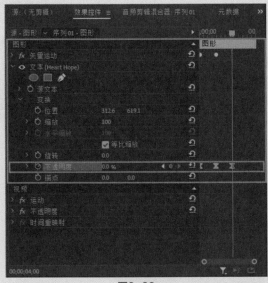

图8-39

24 所有操作执行完毕后，即可导出视频。导出视频后的画面效果如图8-40～图8-42所示。

◎提示・◦

此项目可作为简单的模板使用。如果需要制作同样的片头视频，在新建项目时设置的存储位置找到此项目，如图8-43所示。双击打开此项目，即可启动Premiere Pro，进入编辑界面。

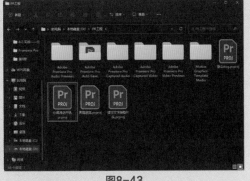

图8-43

在"项目"面板中导入需要使用此效果的素材，单击选中此素材，然后在"时间轴"面板中

单击选中V4轨道上的素材，在菜单栏中执行"剪辑"|"替换为剪辑"|"从素材箱"命令，如图8-44所示，即可用新素材直接替换原来素材，并保留其他效果，如图8-45所示。

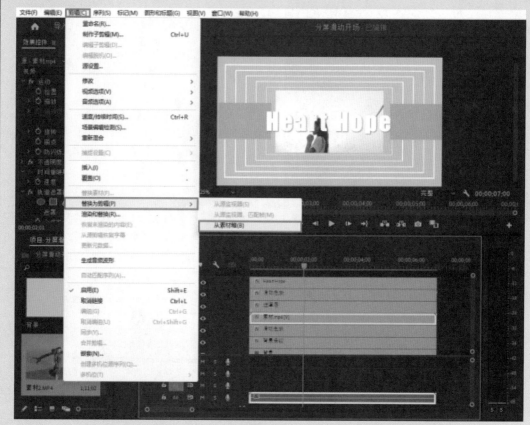

图8-44

图8-45

在此基础上还可以对文字、颜色遮罩素材的颜色、图形素材的形状进行修改，在提升剪辑效率的同时，创作出更多的剪辑效果。后续案例也有部分可以当作模板保存，以后不再赘述。

本例主要利用关键帧制作文字逐渐显示及鼠标单击的动画效果，通过本例的学习，读者将了解和掌握关键帧的使用方法。具体操作方法如下。

① 启动Premiere Pro软件，新建一个名为"Vlog搜索框动画片头"的项目，将"背景.jpg""光标.png""按钮.png""装饰图案.png""鼠标音效.wav"和"打字机音效.wav"素材导入"项目"面板，然后将"背景.png"素材拖入"时间轴"面板，此时会自动建立一个序列，"背景.png"素材位于V1轨道。

② 打开"基本图形"面板，单击"新建图层"按钮■，在快捷菜单中选择"矩形"选项，新建一个矩形图层，V2轨道上将会出现矩形素材。在"节目"监视器面板中调整矩形的四条边至合适位置。在"基本图形"面板中对此矩形的各项参数进行调整。将"角半径"数值设置为150.0，勾选"填充"复选框，选择填充颜色为灰色；勾选"描边"复选框，选择描边颜色为白色，并设置"描边"数值为15.0。再依次单击"水平居中对齐"按钮■和"垂直居中对齐"按钮■，使图形居中，如图8-46所示。

图8-46

③ 在"项目"面板中选中"按钮.png"素材，将其添加至"时间轴"面板V3轨道中，在"效果控件"面板中调整其位置和缩放大小，使其位于矩形内部的右侧，如图8-47所示。

图8-47

04 单击工具栏中的"文字工具"按钮 T 或按T键切换光标,在"节目"监视器面板的文字输入框中输入"我的第一条Vlog",使用快捷键Ctrl+A全选文字,在"基本图形"面板中对文字的字体、外观进行编辑,使文字位于圆角矩形边框内,在视觉上排布舒适,如图8-48所示。

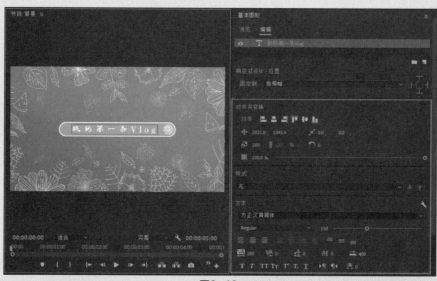

图8-48

05 打开"效果控件"面板,在"图形"面板设置中找到"文本"卷展栏,将播放指示器移动至时间刻度00:00:00:00处,然后长按Shift键,连按二十次→方向键,将播放指示器移动至时间刻度00:00:04:00处,单击"源文本"前的"切换动画"按钮 ⊙ ,在此位置打上一个关键帧,如图8-49所示。

06 长按Shift键,连按两次←方向键,在"节目"监视器面板的文字输入框中删除最后一个文字内容"g",此时系统将在播放指示器当前所在位置添加一个关键帧,如图8-50所示。

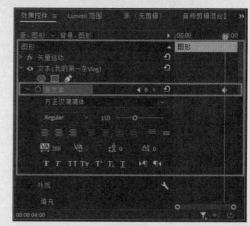

图8-49

图8-50

07 按照上述操作，依次将文字"o""l""V""条""一""第""的""我"删除，操作完毕后如图8-51所示。此时播放预览，可以看到文字有了逐字出现的动画效果。

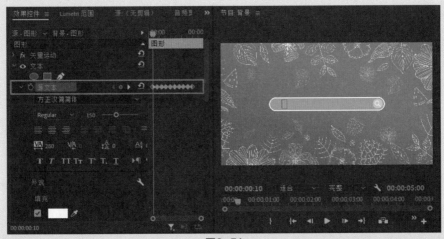

图8-51

08 将"光标.png"素材添加至"时间轴"面板V5轨道中，在"效果控件"面板中调整其位置和缩放大小，使其位于矩形内部的右侧，"按钮.png"图标的上方，如图8-52所示。

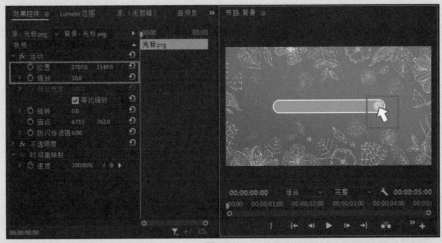

图8-52

09 打开"效果控件"面板，将播放指示器移动至时间刻度00:00:04:00处，单击"缩放"前的"切换动画"按钮🔘，在此添加一个关键帧。然后长按Shift键，按一次→方向键，单击"添加/删除关键帧"按钮🔘，在时间刻度00:00:04:10处添加一个关键帧。采用同样的方式，在时间刻度00:00:04:20处添加一个关键帧，如图8-53所示。

10 使时间轴跳转至第二个关键帧处，将"缩放"数值调小一些，如图8-54所示。这三个关键帧构成的动画使光标有了点击感。

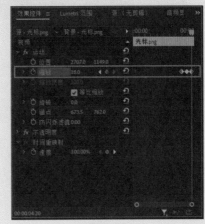

图8-53

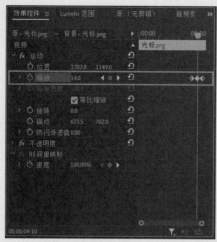

图8-54

⑪ 将"装饰图案.png"素材添加至"时间轴"面板V6轨道中,在"效果控件"面板中调节其位置和缩放大小,使其在"节目"监视器面板的画

面中位于矩形图案的左上方。调整完毕后,将播放指示器移动至时间刻度00:00:00:00处,单击"位置"前的"切换动画"按钮 ,在此添加一个关键帧,如图8-55所示。

⑫ 将播放指示器移动至时间刻度00:00:04:00处,向左移动"位置"参数的水平数值,使此素材位于文字最右侧的上方,此时系统将自动添加一个关键帧,如图8-56所示。装饰图案就有了向右移动的动画效果。

⑬ 在"时间轴"面板中将播放指示器移动至时间刻度00:00:00:20处(这个时间点第一个文字即将出现),在"项目"面板中选中"打字机音效.wav"素材,将其添加至A1轨道中,使其起始端吸附于播放指示器右侧,如图8-57所示。

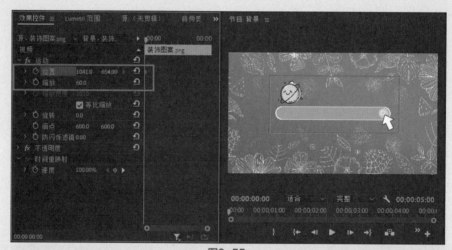

图8-55

图8-56

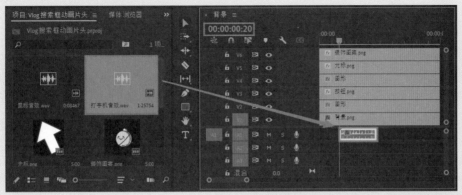

图8-57

⑭ 由于此音效较短，不能持续至文字全部出现，可以长按Alt键，然后按住鼠标左键向右拖动A1轨道上的素材，将它们移动至合适位置后松开鼠标左键，此时将会出现一段复制素材，如图8-58所示。这样文字逐字出现的全过程都有了打字音效。

⑮ 将播放指示器移动至时间刻度00:00:04:10处（这个时间点光标图像缩小），在"项目"面板中选中"鼠标音效.wav"素材，将其添加至V1轨道中，使其起始端吸附于播放指示器右侧，如图8-59所示。

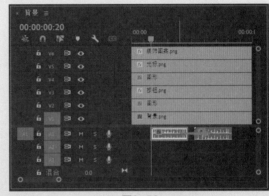

图8-58

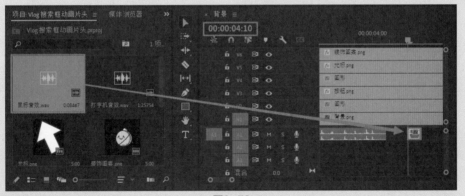

图8-59

⑯ 在"导出"界面将此片段导出，最终效果如图8-60和图8-61所示。

图8-60

图8-61

8.4 实战——光点炸裂散开片头

本节将利用关键帧和蒙版功能制作一个光点炸裂散开片头。此片头效果制作较为简单，具体制作方法如下。

扫码看教学视频

① 新建一个名为"光点炸裂散开片头"的项目，在"项目"面板中导入"素材.mp4"和"光点.mp4"素材，将"素材.mp4"添加至"时间轴"面板，系统自动建立一个序列，此时"素材.mp4"位于V1轨道。

② 将"光点.mp4"素材添加至"时间轴"面板V2轨道中，单击选中V2轨道上的"光点.mp4"素材，打开"效果控件"面板，在"不透明度"卷展栏中找到"混合模式"设置，在下拉菜单中选择"滤色"选项，此时"光点.mp4"素材中黑色的底色消失，"节目"监视器面板中出现"素材.mp4"的画面，如图8-62所示。

图8-62

③ 单击选中"时间轴"面板中V1轨道上的"素材.mp4"，将播放指示器移动至时间刻度00:00:03:20（此时光点散至画面外）处，在"效果控件"面板中单击"不透明度"卷展栏中的"创建椭圆形蒙版"按钮，此时"节目"监视器面板中出现一个椭圆形的蒙版路径选框，长按Shift键，单击"节目"监视器面板中椭圆形蒙版路径选框上的任何一个锚点，使椭圆变成正圆，如图8-63所示。

④ 长按Shift键，在圆形蒙版外按住鼠标左键并向外拖动光标，此时圆形蒙版选框将以圆心为基准等比例放大。将圆形蒙版放大至与光点散开的边缘重合，先后放开鼠标左键和Shift键，此时画面如图8-64所示。

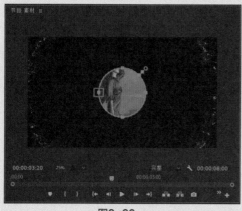

图8-63

图8-64

抖音+剪映+Premiere短视频制作从新手到高手（第2版）

05 回到"效果控件"面板，单击"蒙版（1）"卷展栏中"蒙版路径"前的"切换动画"按钮 ⏱，在此位置添加一个关键帧，如图8-65所示。

06 将播放指示器移动至时间刻度00:00:00:00处，在"节目"监视器面板中单击选中圆形蒙版的一个锚点，长按Shift键，在圆形蒙版外按住鼠标左键并向内拖动光标，直至圆形蒙版缩小成点，此时系统将在此自动添加一个关键帧，如图8-66所示。至此，效果基本制作完毕。

07 为了使效果更自然，在"效果控件"面板中，将"蒙版（1）"卷展栏的"蒙版羽化"参数调为60.0。

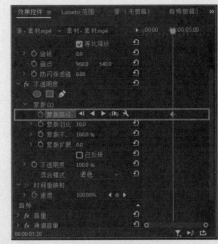

图8-65

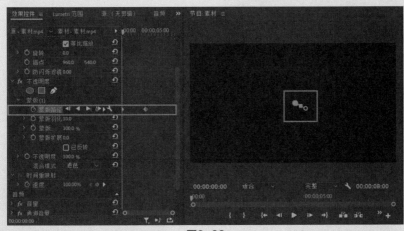

图8-66

08 在"导出"界面导出视频，最终效果如图8-67~图8-69所示。

图8-67

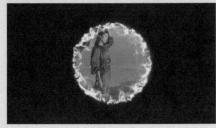

图8-68

图8-69

8.5 实战——电影下滑模糊开场

本节将利用关键帧和超级键功能制作一个电影下滑模糊开场效果，该效果适用于展示数量庞大的图片。具体制作方法如下。

扫码看教学视频

01 启动Premiere Pro软件，新建一个名为"电影下滑模糊开场效果"的项目，将所需要的十五张图片素材导入"项目"面板，在"项目"面板中使用快捷键Ctrl+A全选素材，将它们添加至"时间轴"面板，此时系统自动建立一个序列，所有素材位于V1轨道中。

02 选中"时间轴"面板V1轨道上的所有素材，长按Alt键，向右拖动被选中的所有素材，将素材复制两次，如图8-70所示。

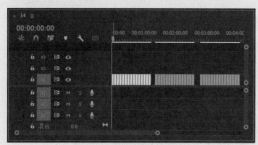

图8-70

03 选中V1轨道上的所有素材，使用快捷键Ctrl+R调出"剪辑速度/持续时间"对话框，将"持续时间"设置为00:00:00:04，并勾选"波纹编辑，移动尾部剪辑"复选框，如图8-71所示。

图8-71

04 单击选中每两大段素材间的空隙，按Delete键删除，素材无缝衔接，如图8-72所示。

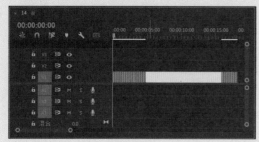

图8-72

05 再次选中V1轨道上的所有素材，长按Shift键，将其复制到V2轨道，如图8-73所示。

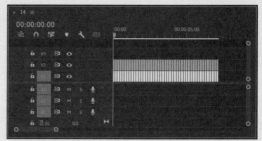

图8-73

06 在"效果"面板的文字输入框中输入"变换"进行检索，将"扭曲"卷展栏中的"变换"效果添加至V2轨道的第一个图片素材中。

07 选中V2轨道的第一个图片素材，打开"效果控件"面板，将播放指示器移动至此素材的第一帧，单击"变换"卷展栏中"位置"前的"切换动画"按钮，在此添加一个关键帧，向左拖动"位置"右侧的第二个数值（此数值控制垂直位置），使此素材向上移动至画面外，取消勾选"使用合成的快门角度"复选框，将"快门角度"数值设置为180.00，如图8-74所示。

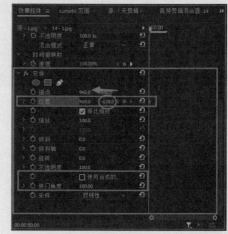

图8-74

08 将播放指示器移动至此素材倒数第二帧的位置，单击"位置"右侧的"重置参数"按钮，此时素材位置复原，系统在此添加了一个关键帧。同时选中两个关键帧，右击，在弹出的快捷菜单中依次选择"临时差值"|"缓入"和"临时差值"|"缓出"选项，如图8-75所示。

09 右击V1轨道上的第一个素材，在弹出的快捷菜单中选择"复制"选项，然后选中V2轨道上余下的所有素材，右击，在弹出的快捷菜单中选择

"粘贴属性"选项，在弹出的"粘贴属性"对话框中勾选所有属性复选框，如图8-76所示。单击"确定"按钮保存操作，此时V2轨道上的所有素材都拥有了向下模糊滑动的动画效果。

图8-75

图8-76

⑩ 选中V1轨道上的所有素材，将它们全部向右移动，使V1轨道上的第一个素材与V2轨道上的第二个素材对齐，如图8-77所示。

⑪ 播放预览画面，效果如图8-78～图8-80所示。

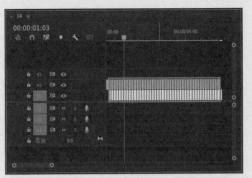

图8-77

图8-78

图8-79

图8-80

⑫ 在"项目"面板中单击"新建项"按钮 ，建立一个黄色的颜色遮罩素材，将此颜色遮罩素材添加至V3轨道，并使其与整个视频的长度相等，如图8-81所示。

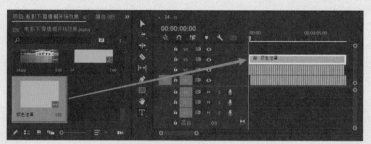

图8-81

⑬ 按T键切换光标，在"节目"监视器面板中输入标题文字，然后在"基本图形"面板中设置文字字体、大小以及外观样式，并使文字居中，如图8-82所示。

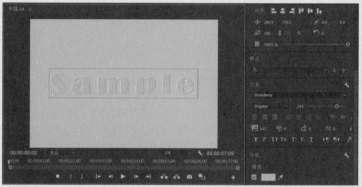

图8-82

⑭ 在"时间轴"面板中将出现在V4轨道的文字素材拉至与V3轨道素材等长。同时选中V3、V4轨道上的素材，右击，在弹出的快捷菜单中选择"嵌套"选项，将这两个素材嵌套为"嵌套序列01"，如图8-83所示。

⑮ 在"效果"面板搜索"超级键"效果，将此效果添加至V3轨道的"嵌套序列01"中，打开"效果控件"面板，在"超级键"卷展栏中单击"主要颜色"参数右侧的"吸管"按钮 ，然后在"节目"

监视器面板中吸取文字中的蓝色，如图8-84所示。此时文字颜色消失，露出下方轨道上的素材。

图8-83

图8-84

> **◎提示·◦**
>
> 　　超级键效果常用来进行抠像，以绿幕素材为例，使用"主要颜色"栏中的吸管工具吸取画面中的绿色部分，即可将该区域抠除。此时将替换绿幕部分的素材放至绿幕素材下方轨道即可。

16 将播放指示器移动至时间刻度00:00:04:00处，按C键将光标切换为剃刀工具，在播放指示器处裁剪"嵌套序列01"，并将播放指示器左侧部分删除。单击选中"嵌套序列01"，打开"效果控件"面板，依次单击"运动"卷展栏中"缩放"参数和"不透明度"卷展栏中"不透明度"参数前的"切换动画"按钮 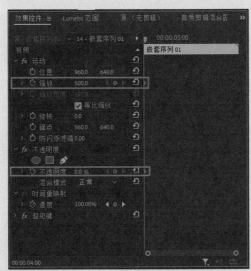，为这两个参数添加关键帧，并将"缩放"数值设为500.0，"不透明度"数值设为0.0%，如图8-85所示。

图8-85

17 将播放指示器移动至时间刻度00:00:06:20处，分别单击"缩放"参数和"不透明度"参数中的"重置参数"按钮 ，在此添加关键帧。选中所有关键帧，右击，在弹出的快捷菜单中依次选择"缓入""缓出"选项，如图8-86所示。

18 将"嵌套序列01"向上移动一个轨道至V4轨道，在"项目"面板中新建一个白色的颜色遮罩素材，将其添加至V3轨道，使其起始端位于时间刻度00:00:06:00处，末端与"嵌套序列01"的末端对齐，如图8-87所示。

图8-86

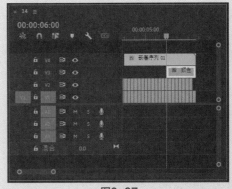

图8-87

19 单击选中V3轨道上的颜色遮罩素材，打开"效果控件"面板，分别在时间刻度00:00:06:00和00:00:07:00处，给"不透明度"参数添加两个关键帧，并将第一个关键帧的"不透明度"数值设为0.0%，如图8-88所示，同时选中这两个关键帧，右击，在弹出的快捷菜单中选择"缓入""缓出"选项，使效果过渡更加自然。

图8-88

⑳ 完成后的效果如图8-89～图8-91所示，可以看到白色背景图层由隐到显，逐渐填满文字的镂空部分。

图8-89

图8-90

图8-91

8.6 实战——抖音专属求关注片尾

本节将讲解如何利用剪映APP快速便捷地制作出抖音热门求关注片尾。具体制作方法如下。

扫码看教学视频

① 启动剪映APP，点击"开始创作"按钮➕，在素材添加界面选择一张头像素材添加至剪辑项目中。点击底部工具栏中的"比例"按钮▣，设置视频比例为9:16，在画布中双指放大头像图片至合适位置，如图8-92所示。

② 点击选中素材，调整素材长度，使素材持续时长为5秒。在底部工具栏中点击"蒙版"按钮▣，选择"圆形"蒙版，在画布中调整蒙版选框的大小，使头像呈圆形，且显示出人物，如图8-93所示。点击✓按钮，保存效果。

图8-92　　　　　　图8-93

③ 在画布中双指相向滑动，使素材缩小一点，并将素材略微上移，为文字留下一定空间，如图8-94所示。

④ 在时间刻度00:00和00:01的位置分别添加一个关键帧，如图8-95所示。在第一个关键帧处，将素材向上移动至画面外，如图8-96所示。此时素材有了向下进入的路径动画效果。

⑤ 点击底部工具栏中的"动画"按钮▣，为头像素材添加"渐显"入场动画，并设置动画持续时长为1s，如图8-97所示。点击✓按钮，保存效果。

⑥ 点击底部工具栏左侧的▮按钮，返回一级工具栏。将时间轴移动至轨道起始处，点击底部工具栏中的"贴纸"按钮☺，在文字输入框中输入"关注"进行检索，选择添加图8-98所示的贴纸。点击"关闭"按钮，关闭搜索栏。

⑦ 将播放指示器移动至时间刻度00:01处，在预览区域将贴纸素材移动至头像素材的正下方，并使贴纸有一半位于头像素材上方，如图8-99所示。

图8-94

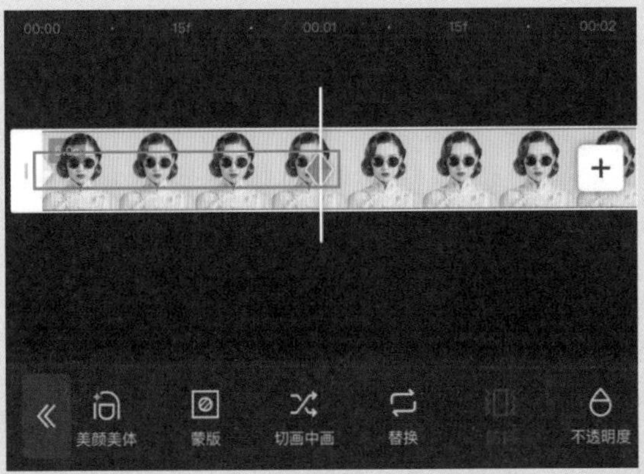

图8-95

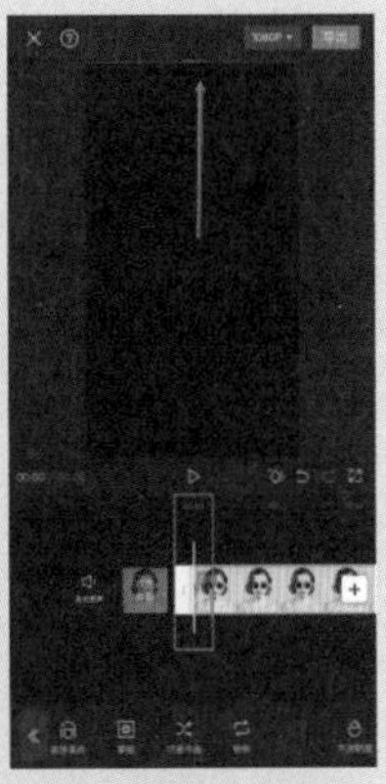

图8-96

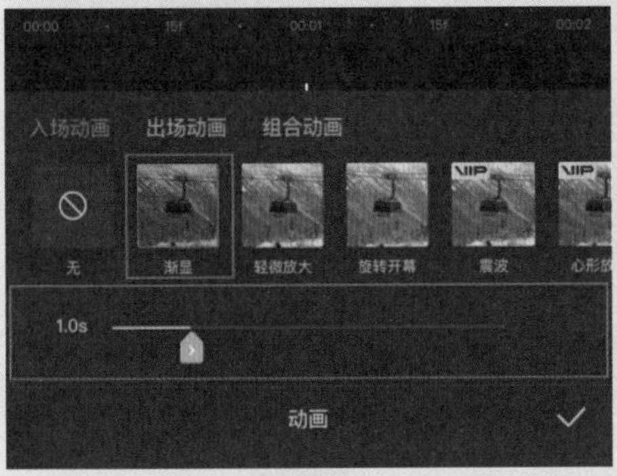

图8-97

图8-98

图8-99

⑧ 点击底部工具栏中的"动画"按钮，点击 "入场动画"选项，为贴纸素材添加"向上滑 动"入场动画，并设置动画持续时长为1.0s，如 图8-100所示。点击☑按钮，保存效果。

图8-100

⑨ 保持播放指示器位于时间刻度00:01的位置， 点击底部工具栏左侧的█按钮，返回上级工具 栏。点击底部工具栏中的"文字模板"按钮，
在浮窗中点击"片尾谢幕"选项，在此分类中选 择添加图8-101所示的文字模板。点击☑按钮， 保存效果。

⑩ 在预览区域移动文字素材的位置，使其位于

头像素材下方，如图8-102所示。

图8-101

⑪ 调整贴纸素材和文字素材的长度，使这两 个素材的末端与主视频轨道素材末端对齐，如 图8-103所示。

⑫ 完成所有操作后，再为视频添加合适的音 效，即可点击"导出"按钮，将视频保存至相 册。最终效果如图8-104~图8-107所示。

图8-102   图8-103

图8-104   图8-105   图8-106   图8-107

8.7 实战——人员名单滚动片尾

在电影、电视剧中，经常能看到结尾出现的制作人员名单滚动画面，本节介绍如何制作片尾滚动字幕效果。具体制作方法如下。

扫码看教学视频

① 启动Premiere Pro软件，新建一个名为"字幕滚动片尾"的项目，将"古风人物.mp4""背景.png"这两个素材导入"项目"面板，并将"古风人物.mp4"素材拖入"时间轴"面板，此时会自动建立一个序列，"古风人物.mp4"素材位于V1轨道中。

② 将"背景.png"素材移动至V2轨道，调整其长度使其与V1轨道上的素材等长，选中此素材，打开"效果控件"面板，调整此素材的"缩放"数值为35.0，使其铺满视频画面，如图8-108所示。

③ 选中V1轨道上的素材，打开"效果控件"面板，调整此素材的"位置"和"缩放"数值，使人物位于"背景.png"素材左侧镂空处，如图8-109所示。

④ 打开"基本图形"面板，单击"新建图层"按钮❒，新建一个横向文本图层，双击"新建文本图层"素材，修改其中文字为"演职表"，使用快捷键Ctrl+A全选文字，然后在"基本图形"面板中对文字的字体、大小、位置以及字间距进行调整，使文字位于画面的右上方，如图8-110所示。

图8-108

图8-109

图8-110

05 再次单击"基本图形"面板中的"新建图层"按钮█，选择"文本"选项，建立一个横向文本图层，修改其中的文字为演职表的内容，全选文字，修改字体，将文字和字间距缩小，以示与标题"演职表"的区别，单击"居中对齐文本"按钮█，使文字居中对齐，如图8-111所示。

图8-111

06 长按Ctrl键，在"基本图形"面板中同时选中两段文字素材，打开"对齐"设置中的下拉菜单，选择"对齐到选区"选项，然后单击"水平居中对齐"按钮█，使这两段文字居中对齐，按V键将光标切换为选择工具，此时可以在"节目"监视器面板中同时移动这两段文字。将两段文字移动至画面右侧合适位置，如图8-112所示。

图8-112

07 在"基本图形"面板的素材栏中单击空白处，取消选中状态，勾选"滚动"复选框，即可使整体文本获得滚动效果。在"时间轴"面板中将V3轨道上的文字素材拉至与V1轨道素材等长，使文字滚动效果贯穿整个视频，如图8-113所示。

图8-113

> **◎提示・○**
>
> 　　勾选"滚动"复选框后，将会出现一些选择项和可调节参数，其中"启动屏幕外"和"结束屏幕外"这两个选择项通常是自动勾选的，这表示播放前字幕位于画面之外，播放完毕后字幕同样位于画面之外，一般不需要手动取消勾选。对于新手来说，其他参数一般不改动。

08 最终效果如图8-114～图8-116所示。

图8-114

图8-116

图8-115

8.8 实战——剧终闭幕片尾

　　本节操作步骤较为简单，主要利用蒙版和关键帧制作剧终闭幕动画效果，这种效果在很多经典影视、动画中十分常见。具体制作方法如下。

扫码看教学视频

01 启动Premiere Pro软件，新建一个名为"剧终闭幕效果"的项目，将"风铃.mp4"素材导入

"项目"面板，并将素材拖入"时间轴"面板，此时会自动建立一个序列，"风铃.mp4"素材位于V1轨道中。

02 在"项目"面板单击"新建项"按钮，选择"黑场视频"选项，新建一个黑场视频素材，并将此素材添加至V2轨道，使其与V1轨道素材等长，如图8-117所示。

03 选中V2轨道上的素材，打开"效果控件"面板，打开"不透明度"卷展栏，单击其中的"创建椭圆形蒙版"按钮，此时"节目"监视器面板中将会出现椭圆形蒙版路径选框，长按Shift键，单击"节目"监视器面板中椭圆形蒙版路径选框上的任何一个锚点，使椭圆变成正圆，如图8-118所示。

04 在"效果控件"面板中勾选"已反转"复选框，此时蒙版选框外为黑场部分，蒙版选框内显示画面。将蒙版选框拖动至显示风铃的位置，长按Shift键，在圆形蒙版外按住鼠标左键向内拖动光标，此时圆形蒙版选框将以圆心为基准等比例缩小，使画面仅显示风铃，如图8-119所示。

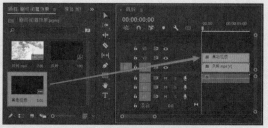

图8-117

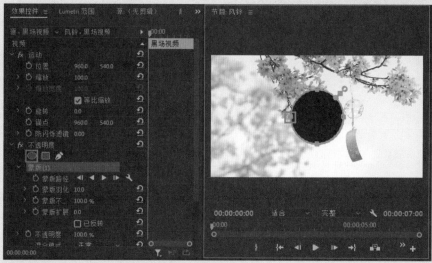

图8-118

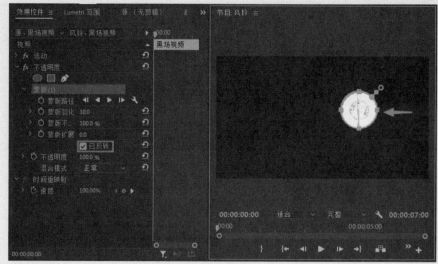

图8-119

05 将播放指示器移动至时间刻度00:00:04:00处，单击"蒙版路径"前的"切换动画"按钮，在此添加一个关键帧，然后将播放指示器向后移动至时间刻度00:00:05:00处，单击"添加/删除关键帧"按钮，在此添加一个关键帧，如图8-120所示，使蒙版大小在这两个关键帧之间保持固定。

06 将播放指示器移动至时间刻度00:00:00:00处，长按Shift键，向外拖动光标放大圆形蒙版，露出全部画面，如图8-121所示。

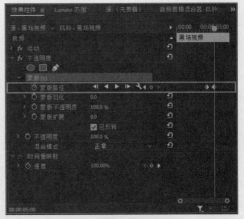

图8-120

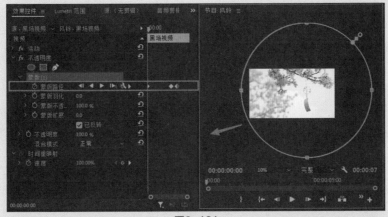

图8-121

◎提示·◎

如果画面显示不完全，可以单击"节目"监视器面板下方的"选择缩放级别"下拉菜单，从中选择合适的缩放级别，对画面显示进行调整，如图8-122和图8-123所示。此调节并不会影响视频导出的格式，只是为了方便一些细节操作能够顺利进行。

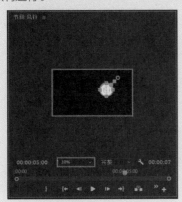

图8-122

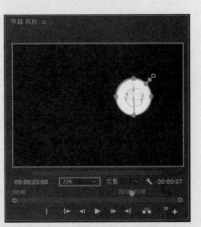

图8-123

在剪辑时，通常将"选择缩放级别"设置为"合适"，此时不论如何调节"节目"监视器面板的大小或位置，"节目"监视器面板中始终显示完全的视频画面。

如果"节目"监视器面板中的蓝色蒙版选框

边缘线消失，可以单击"蒙版（1）"标题使其重新出现，如图8-124和图8-125所示。

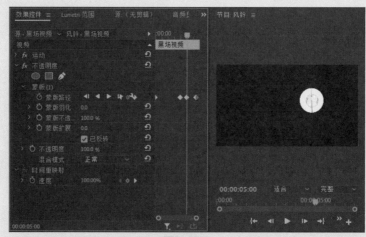

图8-124

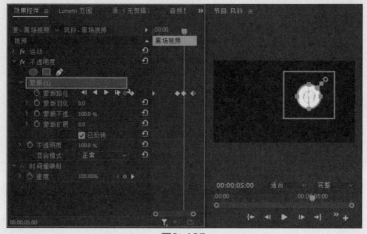

图8-125

07 将播放指示器移动至时间刻度00:00:06:15处，长按Shift键，向内拖动光标缩小圆形蒙版，使蒙版选框缩小为一个点，画面变为全黑，如图8-126所示。

图8-126

08 将"蒙版羽化"数值调为50.0，使变化过渡更自然。

09 导出视频，最终效果如图8-127～图8-129所示。

图8-127

图8-128

图8-129

8.9 实战——片尾信息条展示

在Premiere Pro中创建图形，再结合关键帧和变换操作，就可以制作信息条滑动展示的效果。具体操作方法如下。

扫码看教学视频

01 启动Premiere Pro软件，新建一个名为"片尾信息条"的项目，将"图标1.png"和"图标2.png"两个素材导入"项目"面板，在"编辑"界面使用快捷键Ctrl+N调出"新建序列"对话框，创建一个序列。

02 在工具栏中单击"矩形工具"按钮■，切换光标，长按Shift键，在"节目"监视器面板中拖动光标绘制一个大小合适的正方形，如图8-130所示。

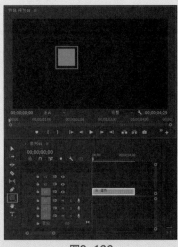

图8-130

03 打开"基本图形"面板，"形状01"选中正方形素材，修改填充颜色，并依次单击"水平居中对齐"按钮■和"垂直居中对齐"按钮■，使此素材位于画面正中间，如图8-131所示。

04 将"图标1.png"素材添加至"基本图形"面板的素材栏中，使其位于"形状01"上方，调整"图标1.png"素材的位置和缩放大小，使其位于"形状01"内，如图8-132所示。

05 在"基本图形"的素材栏中，长按Shift键，依次单击两个素材，使它们同时处于选中状态，在"对齐"下拉菜单中选择"对齐到视频帧"选项，然后依次单击"水平居中对齐"按钮■和"垂直居中对齐"按钮■，使所有素材位于画面正中间，如图8-133所示。

06 在"时间轴"面板右击V1轨道上的素材，在弹出的快捷菜单中选择"重命名"选项，将素材重命名为"图标框1"。选中"图标框1"素材，长按Alt键，将素材向上移动复制一次，使V2轨道上出现一个复制素材，将此复制素材重命名为"图标框2"；将素材向右复制一次，使V1轨道上也出现一个复制素材，将此素材重命名为"文字条1"，如图8-134所示。

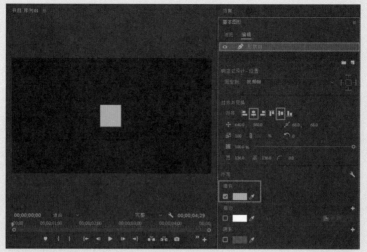

图8-131

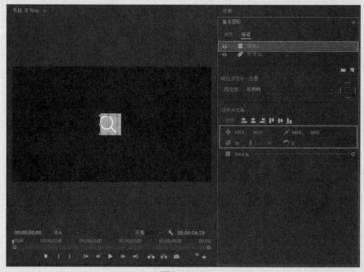

图8-132

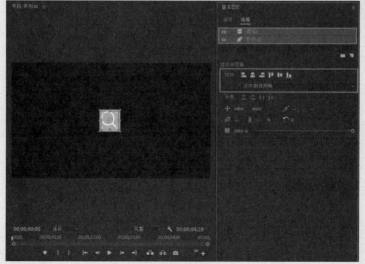

图8-133

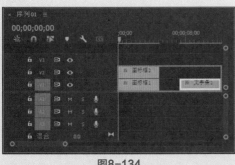

图8-134

⑦ 单击选中V2轨道上的"图标框2"素材，打

开"基本图形"面板，在此面板的素材栏中单击选中"图标1.png"素材，按Delete键删除，然后在"项目"面板中选中"图标2.png"素材，将其添加至"基本图形"面板的素材栏，使其位于素材"形状01"上方，调整其位置、大小，使其位于"形状01"内、画面正中央，如图8-135所示。

⑧ 单击选中"形状01"素材，修改其填充色，以示区别，如图8-136所示。

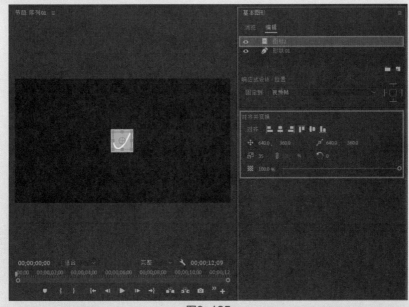

图8-135

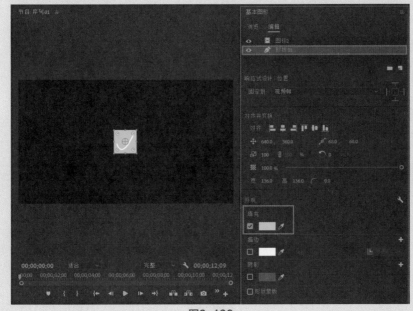

图8-136

09 在"时间轴"面板将播放指示器移动至V1轨道上的素材"文字条1"处,单击选中此素材,打开"基本图形"面板,在此面板的素材栏中单击选中"图标1.png"素材,按Delete键删除,然后选中"形状01"素材,在"节目"监视器面板中拖动此图形右边的边线,保持高度不变,使其从正方形变成长方形,改变其填充色为白色,如图8-137所示。

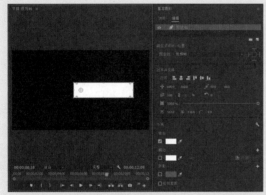

图8-137

10 在"基本图形"面板中单击"新建图层"按钮，选择"文本"选项,新建一个横向文本,修改其中文字为用户ID,然后全选文字,设置文字的字体、大小、字间距、填充色等,如图8-138所示。

图8-138

11 按V键将光标切换为选择工具,长按Shift键,在素材栏中同时选中两个素材,选择"对齐到视频帧"选项,依次单击"水平居中对齐"按钮和"垂直居中对齐"按钮,使所有素材位于画面正中间,如图8-139所示。

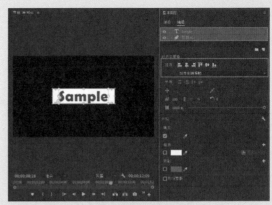

图8-139

12 在"时间轴"面板中选中"文字条1"素材,长按Alt键,将此素材向上拖动一个轨道,使V2轨道上出现一个复制素材,将此复制素材重命名为"文字条2",如图8-140所示。

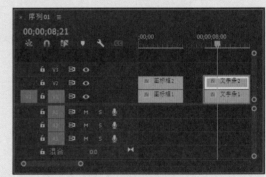

图8-140

13 在"时间轴"面板单击选中"文字条2"素材,打开"基本图形"面板,在素材栏中双击文字图层,修改其中文字为"感谢观赏",使用快捷键Ctrl+A全选文字,修改文字字体、大小等参数,并使文字位于视频画面中央,如图8-141所示。

图8-141

⓮ 按V键将光标切换为选择工具，在"时间轴"面板中将播放指示器移动至V1轨道"图标框1"素材的起始端，长按Shift键，连按九次→方向键，将V2轨道上的"图标框2"素材起始端移至时间刻度00:00:01:15处，如图8-142所示。

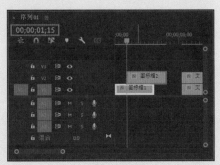

图8-142

⓯ 在"效果"面板中搜索"裁剪"效果，将此效果添加至V1轨道上的"图标框1"素材中，单击选中此素材，将播放指示器移动至素材起始端。打开"效果控件"面板，单击"裁剪"卷展栏中"顶部"参数前的"切换动画"按钮◎，在播放指示器当前所处位置添加一个关键帧，将"顶部"数值设置为62.0%，并将"羽化边缘"参数设置为20，如图8-143所示。

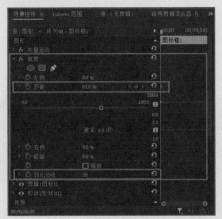

图8-143

⓰ 将播放指示器向右移动十五帧，将"顶部"数值设置为38.0%，此时系统将自动在此打上一个关键帧。同时选中"顶部"参数的两个关键帧，右击，在弹出的快捷菜单中依次选择"缓入""缓出"选项，如图8-144所示。

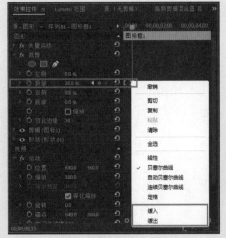

图8-144

⓱ 展开"顶部"参数，向左拖动最右侧的手柄，改变运动速率曲线，如图8-145所示。此时关键帧路径动画有了先快后慢的效果。

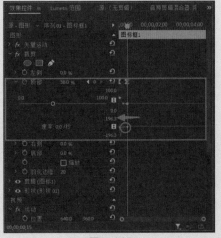

图8-145

⓲ 动画效果如图8-146～图8-148所示。

图8-146

图8-147

图8-148

⑲ 在"效果"面板中搜索"基本3D"效果，将此效果添加至V1轨道上的"图标框1"素材和V2轨道上的"图标框2"素材中，选中"图标框1"素材，将播放指示器移动至时间刻度00:00:01:00处，打开"效果控件"面板，在"基本3D"卷展栏中单击"旋转"参数前的"切换动画"按钮⏱，在播放指示器当前所在位置添加一个关键帧，如图8-149所示。

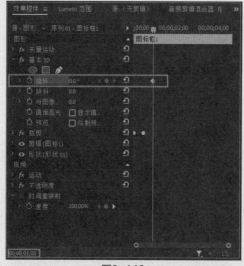

图8-149

⑳ 将播放指示器向右移动十五帧，将"旋转"参数的数值调为90.0°，系统将自动添加一个关键帧。同时选中"旋转"参数的两个关键帧，右击，在弹出的快捷菜单中依次选择"缓入""缓出"选项，如图8-150所示。

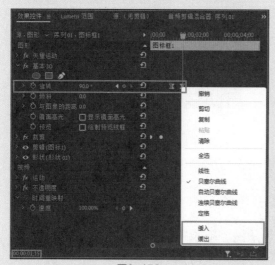

图8-150

㉑ 在"时间轴"面板选中V2轨道上的"图标框2"素材，将播放指示器移动至此素材起始端（起始端位置与"图标框1"素材中"旋转"参数的第二个关键帧对齐），打开"效果控件"面板，在"基本3D"卷展栏中单击"旋转"参数前的"切换动画"按钮⏱，在播放指示器当前所在位置添加一个关键帧，并将"旋转"参数数值调为90.0°，如图8-151所示。

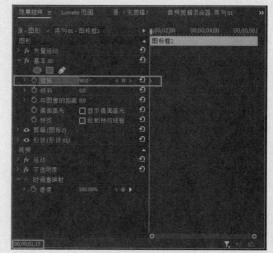

图8-151

㉒ 将播放指示器向右移动十五帧，将"旋转"参数的数值调为0.0°，系统将自动添加一个关键帧。同时选中"旋转"参数的两个关键帧，右击，在弹出的快捷菜单中依次选择"缓入""缓出"选项，如图8-152所示。

图8-152

㉓ 此时播放视频进行预览，如图8-153～图8-156所示，可以看到"图标框1"素材翻转变化为"图标框2"。

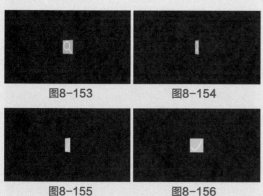

图8-153　　　　　图8-154

图8-155　　　　　图8-156

㉔ 同时选中V1轨道上的"图标框1"素材和V2轨道上的"图标框2"素材，右击，在弹出的快捷菜单中选择"嵌套"选项，在弹出来的"嵌套序列名称"对话框中，将嵌套序列命名为"图标框"，如图8-157所示。在对话框中单击"确定"按钮后，V1轨道上出现"图标框"序列，如图8-158所示。

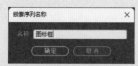

图8-157

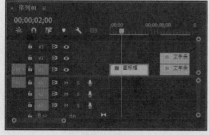

图8-158

㉕ 将播放指示器移动至V1轨道上"文字条1"素材的起始端，长按Shift键，连按九次→方向键，然后将V2轨道上的"文字条2"素材的起始端移动至播放指示器当前所在位置，如图8-159所示，使两个素材起始端相差四十五帧。

㉖ 在"效果"面板中搜索效果"裁剪"，将此效果添加至V1轨道的"文字条1"素材中，将播放指示器移回此素材起始端，打开"效果控件"面板，单击"裁剪"卷展栏中"右侧"参数前的"切换动画"按钮 🕙，在播放指示器当前所在位置添加一个关键帧，将"右侧"参数的数值调为75.0%，并将"羽化边缘"参数的数值调为20，如图8-160所示。

图8-159

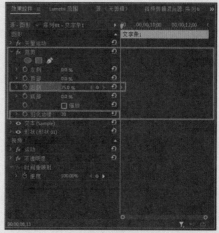

图8-160

㉗ 将播放指示器往右移动十五帧，将"右侧"参数的数值调为28.0%，系统将自动添加一个关键帧。选中"右侧"参数的两个关键帧，右击，在弹出的快捷菜单中依次选择"缓入""缓出"选项，如图8-161所示。

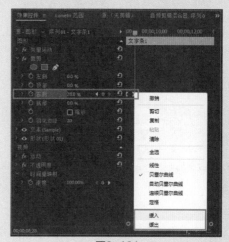

图8-161

㉘ 展开"右侧"参数,向左拖动最右侧的手柄,改变运动速率曲线,如图8-162所示。此时关键帧路径动画有了先快后慢的效果。

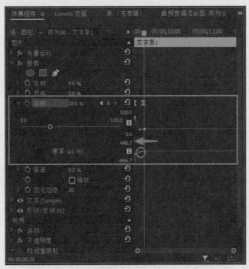

图8-162

㉙ 动画效果如图8-163~图8-165所示。

图8-163

图8-164

图8-165

㉚ 在"效果"面板中搜索效果"基本3D",将此效果添加至V1轨道上的"文字条1"素材和V2轨道上的"文字条2"素材中,选中"图标框

1"素材,将播放指示器向右移动十五帧,打开"效果控件"面板,在"基本3D"卷展栏中单击"倾斜"参数前的"切换动画"按钮⏱,在播放指示器当前所在位置添加一个关键帧,如图8-166所示。

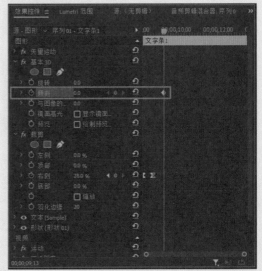

图8-166

㉛ 将播放指示器向右移动十五帧,将"倾斜"参数的数值调为90.0°,系统将自动添加一个关键帧。同时选中"倾斜"参数的两个关键帧,右击,在弹出的快捷菜单中依次选择"缓入""缓出"选项,如图8-167所示。

图8-167

㉜ 在"时间轴"面板选中V2轨道上的"文字条2"素材,将播放指示器移动至此素材起始端(起始端位置与"文字条"素材中"倾斜"参数

的第二个关键帧对齐），打开"效果控件"面板，在"基本3D"卷展栏中单击"倾斜"参数前的"切换动画"按钮⏱，在播放指示器当前所在位置添加一个关键帧，并将"旋转"参数数值调为90.0°，如图8-168所示。

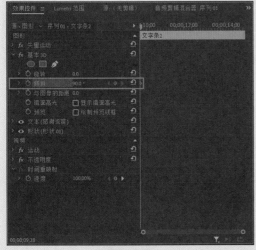

图8-168

33 将播放指示器向右移动十五帧，将"倾斜"参数的数值调为0.0°，系统将自动添加一个关键帧。同时选中"倾斜"参数的两个关键帧，右击，在弹出的快捷菜单中依次选择"缓入""缓出"选项，如图8-169所示。

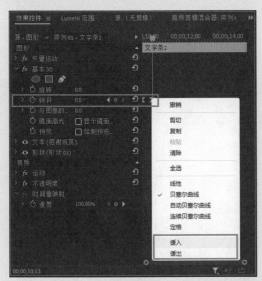

图8-169

34 此时播放视频进行预览，如图8-170～图8-173所示，可以看到"文字条1"素材翻转变化为"文字条2"。

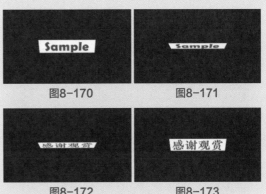

| 图8-170 | 图8-171 |
| 图8-172 | 图8-173 |

35 同时选中V1轨道上的"文字条1"素材和V2轨道上的"文字条2"素材，右击，在弹出的快捷菜单中选择"嵌套"选项，在弹出来的"嵌套序列名称"对话框中，将嵌套序列命名为"文字条"，如图8-174所示。在对话框中单击"确定"按钮后，V1轨道上出现"文字条"序列，如图8-175所示。

图8-174

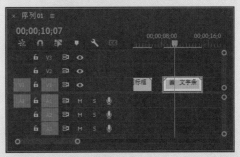

图8-175

36 将V1轨道上的"文字条"序列移动至V2轨道，使其与V1轨道上的"图标框"素材对齐，将播放指示器移动至没有动画效果的任意时间刻度，单击选中V1轨道上的"图标框"素材，打开"效果控件"面板，在"位置"卷展栏中调整"位置"参数的数值，向左水平移动此素材，如图8-176所示；单击选中V2轨道上的"文字条"素材，打开"效果控件"面板，在"位置"卷展栏中调整"位置"参数的数值，向右移动此素材，如图8-177所示。经过调整之后，两个素材无缝衔接，且整体位于画面中间，如图8-178所示。

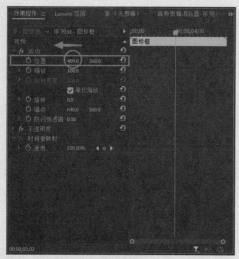

图8-176

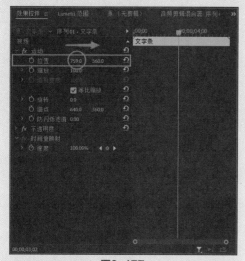

图8-177

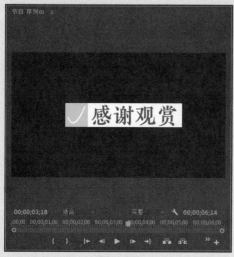

图8-178

37 最终效果如图8-179～图8-182所示。

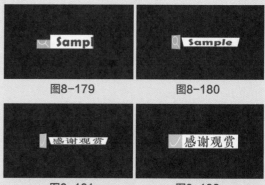

图8-179　　　　　　图8-180

图8-181　　　　　　图8-182

38 进入"导出"界面，在"设置"面板修改各项参数。在"格式"下拉菜单中选择格式为QuickTime，然后单击打开"预设"下拉菜单，选择"更多预设"选项，如图8-183所示。在弹出的"预设管理器"对话框中找到GoPro CineForm RGB 12-bit with alpha at Maximum Bit Depth选项，如图8-184所示，此格式将在导出视频中保留透明通道。单击"确定"按钮，保存选择，所有设置如图8-185所示，单击"导出"按钮，导出视频。

39 此时可以将此视频作为片尾信息条应用至其他视频中，如图8-186所示。

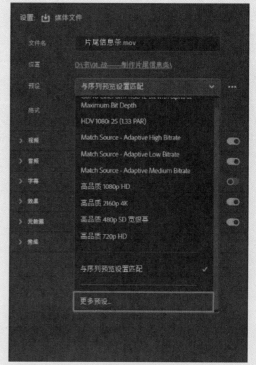

图8-183

抖音+剪映+Premiere短视频制作从新手到高手（第2版）

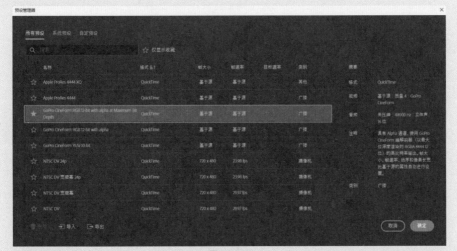

图8-184

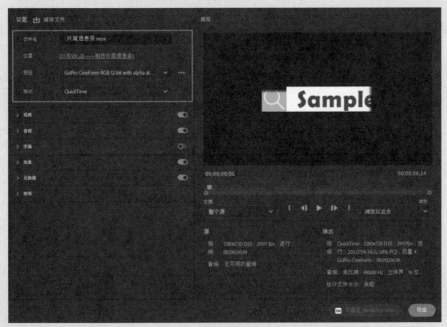

图8-185

图8-186

8.10 本章小结

  片头起到了为账号宣传的作用，即使观众没有将作品看完，但是片头短短的几秒就足以让观众对自己的账号名字留下或加深印象。片尾则是对作品的总结，对参与人员的致谢，在片尾添加账号的名字还能二次加深观众的印象。

第9章
创意转场，提升视频档次的关键元素

转场即段落与段落、场景与场景之间的过渡或转换，分为技巧转场和无技巧转场。无技巧转场指的是通过寻找合理的因素（例如相似元素）相接，用自然过渡的镜头来连接前后两段内容，强调的是视觉的连续性。本章要讲的是技巧转场，主要是利用特技技巧来完成两个画面的转换，强调的是隔断性。

9.1 实战——收缩拉镜效果转场

下面利用关键帧、缩放和快门角度功能，制作一个简单却能提升影片品质的拉镜转场效果。具体操作方法如下。

01 启动Premiere Pro软件，新建一个名称为"收缩拉镜转场"的项目，将"01.mp4""02.mp4""03.mp4"三段素材导入"项目"面板，并依次将三段素材拖入"时间轴"面板的V1轨道中，此时将自动建立一个序列。

02 在"项目"面板单击"新建项"按钮，建立一个调整图层，将其拖入V2轨道，然后移动播放指示器至V1轨道"01.mp4"和"02.mp4"素材连接处，单击"剃刀工具"按钮，将V2轨道中的调整图层切割开，按住Shift键并连接四次→方向键，用剃刀工具在此位置切割一下，回到两段素材的连接处，按住Shift键并连按四次←方向键，再用剃刀工具在此位置切割一下，如图9-1所示，将切割出来的前后两段删除，如图9-2所示。

图9-1

图9-2

03 在"效果"面板搜索框内输入"变换"，将变换效果拖动添加至V2轨道的两个调整图层上。

04 将播放指示器移动至第一个调整图层起始处，单击选中此素材，打开"效果控件"面板，展开"变换"卷展栏，然后单击"缩放"前的"切换动画"按钮，将播放指示器移动至素材偏后一点的位置，再单击"添加/删除关键帧"按钮添加一个关键帧，并在此关键帧位置将"缩放"数值设置为200.0，选中这两个关键帧，右击，在弹出的快捷菜单中依次选择"缓入""缓出"选项，如图9-3所示。

05 展开"缩放"参数，此时速率曲线会显示出来，将两个手柄均向右移动至极限，改变速率曲线，如图9-4所示，关键帧路径动画将呈现逐渐加快的效果。

06 选中第二个关键帧，将其向右拖动至素材末端，如图9-5所示。此时动画效果时长即素材持续时长。

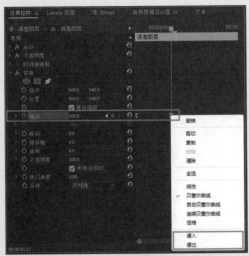

图9-3

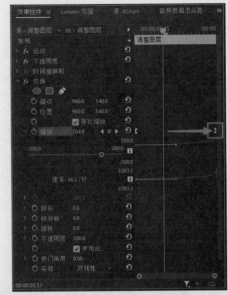

图9-5

07 取消勾选"使用合成的快门角度"复选框，然后将"快门角度"数值设置为180.00，此时在"节目"监视器面板可以看到画面出现模糊效果，如图9-6所示。

> 提示·

"快门角度"是描述影片中运动模糊的通用术语，当"快门角度"为180时，是典型的标准电影风格。"快门角度"越大，连接的动作越模糊；"快门角度"越小，则会导致动作连接不流畅、不连贯。

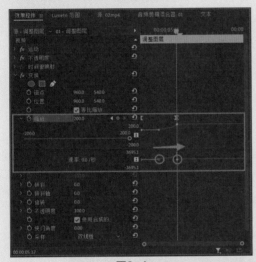

图9-4

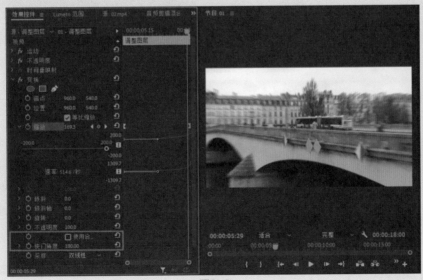

图9-6

第9章 创意转场，提升视频档次的关键元素

08 将播放指示器移动至第二个调整图层起始处，参照步骤4至步骤6的方法，给第二个调整图层添加两个关键帧，并将第一个关键帧的"缩放"数值设置为200.0，第二个关键帧数值设置为100.0，选中两个关键帧，右击，并在弹出的快捷菜单中依次选择"缓入"和"缓出"选项。展开"缩放"卷展栏，将速率曲线上的两个手柄向左移动至极限，最后把第二个关键帧移动至素材最后一帧，如图9-7所示。

09 取消勾选"使用合成的快门角度"复选框，并将"快门角度"设置为360.00，此时在"节目"监视器面板可以看到画面出现模糊效果，如图9-8所示。

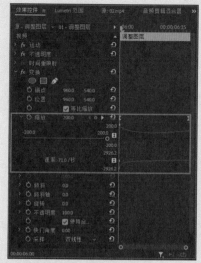

图9-7

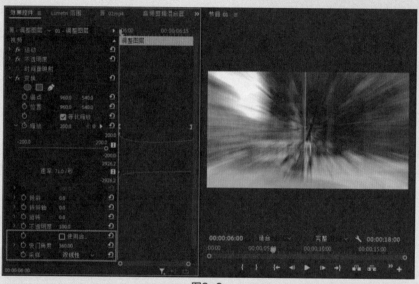

图9-8

10 在"时间轴"面板同时选中V2轨道上的两个调整图层，长按Alt键，向右拖动复制素材，将复制素材移动至下一个素材衔接处，如图9-9所示。此时此转场效果就应用至当前素材衔接处了。

11 播放视频，预览效果，可以看到在转场处，第一段素材从小变大，第二段素材从大变小，两段视频连接处形成了非常自然流畅的转场，如图9-10和图9-11所示。

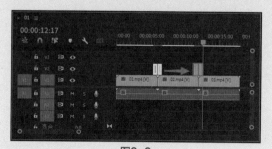

图9-9

图9-10

抖音+剪映+Premiere短视频制作从新手到高手（第2版）

图9-11

9.2 实战——场景聚合转场

本节将利用关键帧和蒙版功能来制作一个场景上下部分聚合的转场效果，同时将结合方向模糊效果，使转场更为流畅顺滑。具体操作方法如下。

扫码看教学视频

01 启动Premiere Pro软件，新建一个名称为"分离转场"的项目，将"飞机.mp4"和"建

筑.mp4"素材导入"项目"面板，并将"飞机.mp4"素材拖入"时间轴"面板的V1轨道中，此时会自动建立一个序列，然后将"建筑.mp4"素材拖入V2轨道，放在00:00:04:00位置，如图9-12所示。

图9-12

02 选中V2轨道上的"建筑.mp4"素材，打开"效果控件"面板，在"不透明度"卷展栏中单击"自由绘制贝塞尔曲线"按钮，然后在"节目"监视器面板中将建筑抠出来，此时"建筑.mp4"素材的天空会自动消失并透出"飞机.mp4"素材，如图9-13所示。

图9-13

03 长按Alt键，将V2轨道的"建筑.mp4"素材向V3轨道拖动复制一层，然后选中V3轨道的"建筑.mp4"素材，在"效果控件"面板的"不透明度"卷展栏中，勾选"蒙版（1）"里的"已反转"复选框，此时可以看到"建筑.mp4"素材消失的背景已经复原，如图9-14所示。

图9-14

提示

贝塞尔曲线是应用于二维图形应用程序的数学曲线，由起始点和终止点组成。在绘制的过程中可以自由添加控制点以便调整曲线形状，在Premiere Pro中看到的❰按钮就是用来绘制贝塞尔曲线的。当贝塞尔曲线形成一个闭环时，不在曲线内的区域会自动分离，单击"反转"按钮则曲线内区域分离。

04 选中V3轨道素材，将播放指示器移动至素材起始处，然后在"效果控件"面板展开"运动"卷展栏，单击"位置"属性前的"切换动画"按钮◙，将垂直位置的数值设置为–550.0，如图9-15所示。在改变垂直位置的数值时，可在"节目"监视器面板中看到天空背景往上被移出画面，如图9-16所示。

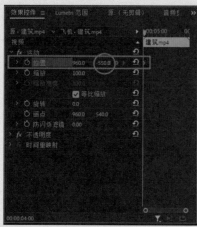

图9-15

图9-16

05 选中V2轨道素材，在"效果控件"面板中单击"位置"属性前的"切换动画"按钮◙，

将垂直位置的数值设置为1670.0，如图9-17所示。在改变垂直位置的数值时，可在"节目"监视器面板中看到建筑物体往下被移出画面，如图9-18所示。

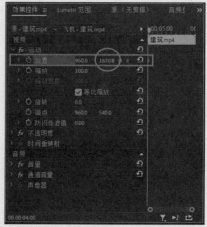

图9-17

图9-18

06 在"时间轴"面板中长按Shift键并连按两次→方向键，依次选中V2轨道素材和V3轨道素材，单击"位置"参数右侧的"重置参数"按钮◙，此时素材位置复原，同时系统在播放指示器当前所处位置添加了一个关键帧，如图9-19所示。

07 在"效果"面板搜索框中输入"方向模糊"进行检索，将该效果分别拖动添加至V2和V3轨道的素材上，选中V2轨道上的素材，将播放指示器移动至此素材起始端，然后连按五次→方向键，将播放指示器向右移动五帧。在"效果控件"面板中展开"方向模糊"卷展栏，单击"模糊长度"前的"切换动画"按钮◙，将数值设置为20.0，如图9-20所示。

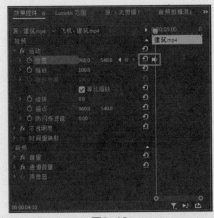

图9-19

图9-20

08 连按五次→方向键，将播放指示器向右移动五帧，将"模糊长度"的数值设置为0.0，系统自动添加一个关键帧。选中两个关键帧，右击，在弹出的快捷菜单中依次选择"缓入""缓出"选项，如图9-21所示。完成后，选中V3轨道素材，为其添加同样的效果。

图9-21

09 最终效果如图9-22～图9-24所示，可以看到

转场时天空自上而下、建筑自下而上出现，最终合并成一个场景，而模糊效果则是使转场的观感更为自然。可以采取同样的方式调整关键帧设置，制作与上述操作相反的场景分离转场。

图9-22

图9-23

图9-24

9.3 实战——水墨浸染转场

本节主要利用轨道遮罩键功能，结合水墨素材制作水墨浸染转场效果，操作较为简单。具体操作方法如下。

扫码看教学视频

01 启动Premiere Pro软件，新建一个名称为"水墨浸染转场"的项目，将"水墨.mp4""人物1.mp4"以及"人物2.mp4"三个素材导入"项目"面板，将"人物1.mp4"素材添加至"时间轴"面板V1轨道中，将"水墨.mp4"素材添加至V3轨道中，使其末端与V1轨道素材"人物1.mp4"素材末端对齐，如图9-25所示。

图9-25

02 将"人物2.mp4"素材添加至V2轨道，使其起始端与V3轨道素材"水墨.mp4"素材的起始端对齐，如图9-26所示。

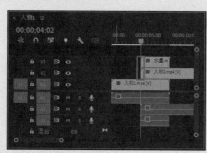

图9-26

03 长按Shift键，拖动播放指示器使其位于V3轨道"水墨.mp4"素材末端，按C键将光标切换为剃刀工具，在此位置将V2轨道"人物2.mp4"素材分成两段，如图9-27所示。按V键将光标切换回选择工具。

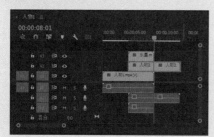

图9-27

04 在"效果"面板中输入"轨道遮罩键"，将此效果添加至V2轨道的第一段素材上，打开"效果控件"面板，展开"轨道遮罩键"卷展栏，在"遮罩"下拉菜单中选择"视频3"（即V3轨道素材）选项，在"合成方式"下拉菜单中选择"亮度遮罩"选项，如图9-28所示。此时V2轨道上的"人物2.mp4"素材在水墨素材的白色部分显示，V1轨道上的"人物1.mp4"素材在水墨素材的黑色部分显示，如图9-29所示。

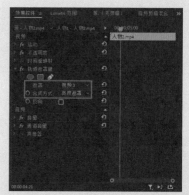

图9-28

图9-29

05 单击选中V3轨道上的"水墨.mp4"素材，将播放指示器移动至此素材起始端，在"效果控件"面板打开"不透明度"卷展栏，单击"不透明度"参数前的"切换动画"按钮 ，在当前位置添加一个关键帧，并将"不透明度"数值调为0.0%；长按Shift键，连续按三次→方向键将播放指示器往右移动十五帧，在此将"不透明度"数值调为100.0%，此时系统将自动添加一个关键帧。选中这两个关键帧，右击，在弹出的快捷菜单中依次选择"缓入""缓出"选项，如图9-30所示。

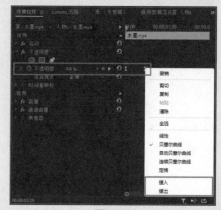

图9-30

06 展开"不透明度"参数，向左拉动最右侧手柄，改变动画速率曲线，如图9-31所示，使动画效果由快变缓。

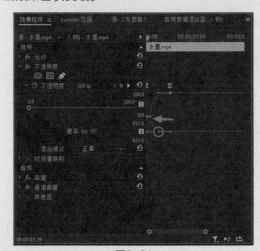

图9-31

07 由于"水墨.mp4"素材的动画效果表现在画面右侧，而"人物2.mp4"素材中人物在画面左侧，为了使转场效果更加自然，此时可以在"效果"面板搜索"翻转"，将"水平翻转"效果添加至V3轨道的"水墨.mp4"素材上。

08 最终效果如图9-32~图9-35所示，可以看到此片段以水墨浸染的方式完成了转场。

图9-32　　　　图9-33

图9-34　　　　图9-35

9.4　实战——画面液化转场

本节将运用蒙版、关键帧和缩放功能制作视频渐显效果，同时添加湍流置换效果，将静止的水营造出流动的效果。具体制作方法如下。

扫码看教学视频

01 启动Premiere Pro软件，新建一个名称为"画面液化转场"的项目，将"饮茶.mp4"和"倒茶.mp4"素材导入"项目"面板，然后将"倒茶.mp4"素材拖入"时间轴"面板的V2轨道中，此时会自动建立一个序列。将播放指示器移动至时间刻度00:00:03:00处，将"饮茶.mp4"素材拖入V1轨道，使其起始端与播放指示器当前所处位置对齐，右击此素材，在弹出的快捷菜单中选择"设为帧大小"选项，使其与序列格式相匹配，如图9-36所示。

图9-36

02 按C键将光标替换为剃刀工具，将播放指示器移动至V1轨道素材"饮茶.mp4"起始端，在此将V2轨道素材"倒茶.mp4"分割成两段；将播放指示器移动至V2轨道素材"倒茶.mp4"末端，在此将V1轨道素材"饮茶.mp4"分割成两段，如图9-37所示。按V键将光标切换回选择工具。

图9-37

03 单击选中V2轨道上的第二段素材，在"效果控件"面板中单击"不透明度"卷展栏中的"创建椭圆形蒙版"按钮⬤，勾选"已反转"复选框，在"节目"监视器面板对蒙版路径选框进行调整，将画面中茶水部分镂空，显示出下方轨道的素材，如图9-38所示，将"蒙版羽化"数值调为15.0，将"蒙版扩展"数值调为5.0。

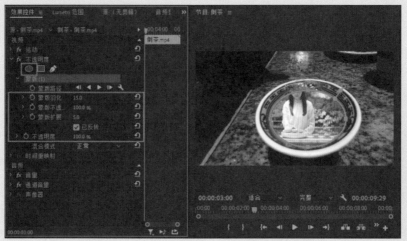

图9-38

04 长按Alt键，将V2轨道上的素材向上移动一个轨道，此时V3轨道上将会出现一个复制素材，如图9-39所示。单击选中此素材，打开"效果控件"面板，在"不透明度"卷展栏中取消勾选"已反转"复选框，如图9-40所示。

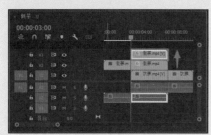

图9-39

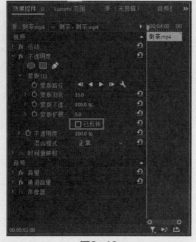

图9-40

05 单击选中V3轨道上的素材，将播放指示器移动至此素材起始端，在"效果控件"面板中单击"不透明度"参数前的"切换动画"按钮◎，在

此添加一个关键帧，设置"不透明度"数值为100.0%；将播放指示器移动至此素材末端，将"不透明度"数值调为0.0%，此时系统自动添加一个关键帧。同时选中这两个关键帧，右击，在弹出的快捷菜单中依次选择"缓入""缓出"选项，此时将播放指示器移动至此素材中段位置，在"节目"监视器中可以看到，杯中是茶水和人物的混合画面，如图9-41所示。

06 在"效果"面板中输入"湍流置换"进行检索，将此效果添加至V3轨道的素材中，将播放指示器移动至此素材起始端，选中此素材。在"效果控件"面板找到并打开"湍流置换"卷展栏，单击"数量"和"演化"这两个参数前的"切换动画"按钮◎，在此位置添加一个关键帧，将这两个参数的数值均设置为0.0，如图9-42所示，并在"置换"下拉菜单中选择"湍流较平滑"选项。

07 将播放指示器移动至此素材末端，单击"添加/删除关键帧"按钮◎，给"数量"和"演化"这两个参数在此位置分别添加一个关键帧，"数量"参数的数值不变，将"演化"参数的数值设为300.0°，如图9-43所示。

08 长按Shift键，连按十次←方向键，在此位置（时间刻度00:00:05:15处）单击"添加/删除关键帧"按钮◎，给"数量"参数添加一个关键帧，并将"数量"数值调为100.0，如图9-44所示。同时选中所有关键帧，右击，在弹出的快捷菜单中依次选择"缓入""缓出"选项。

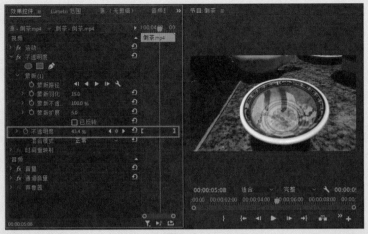

图9-41

图9-42

图9-43

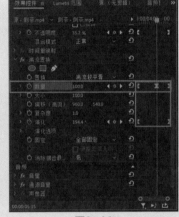

图9-44

> **◎提示·•**
>
> 使用"湍流置换"效果可在影片中制造各种有趣的扭曲效果，例如流水、哈哈镜、摆动的旗帜等效果。

09 在"时间轴"面板右击V3轨道上的素材，在弹出的快捷菜单中选择"复制"选项，然后右击V1轨道上的第一段素材，在弹出的快捷菜单中选择"粘贴属性"选项。在弹出来的"粘贴属性"对话框中仅勾选"湍流置换"复选框，如图9-45所示。由于只有一个效果，勾选"湍流置换"复选框等同于全选了所有效果。此时该素材也有了包含关键帧动画的"湍流置换"效果。

10 在"时间轴"面板中同时选中V2和V3轨道上的所有素材，右击，在弹出的快捷菜单中选择"嵌套"选项，将这些素材嵌套为一个序列，如

图9-46所示。

图9-45

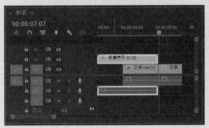

图9-46

11 将播放指示器移动至V1轨道上第一段素材的

起始端，选中"嵌套序列01"素材，打开"效果控件"面板，单击"运动"卷展栏中"位置"和"缩放"两个参数前的"切换动画"按钮⊙，在此位置分别添加一个关键帧，如图9-47所示。

⑫ 将播放指示器移动至此素材末端，单击"添加/删除关键帧"按钮⊙，在此位置为"位置"和"缩放"两个参数分别添加一个关键帧，并适当调节这两个参数的数值，使画面完全显示V1轨道上的素材，如图9-48所示。同时选中所有关键帧，右击，在弹出的快捷菜单中依次选择"临时差值"|"缓入"和"临时差值"|"缓出"选项，使过渡更自然。

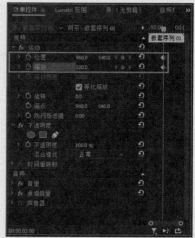

图9-47

图9-48

⑬ 最终效果如图9-49～图9-51所示，两段素材通过茶水液化实现了转场。

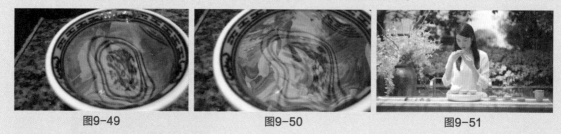

图9-49   图9-50   图9-51

9.5 实战——相片定格转场

本节将使用帧定格功能和变换效果，制作相片定格转场，下面介绍详细制作方法。

① 启动Premiere Pro软件，新建一个名称为"相片定格转场"的项目，将"01.mp4""02.mp4"以及"03.mp4"三段素材导入"项目"面板，将"01.mp4"素材添加至"时间轴"面板，此时会自动建立一个序列，将"01.mp4"素材移动至V3轨道。

扫码看教学视频

② 将播放指示器移动至时间刻度00:00:04:00处，将"02.mp4"素材添加至V2轨道，并使其起始端位于播放指示器当前所处位置；将播放指示器移动至时间刻度00:00:08:00处，将"03.mp4"素材添

加至V1轨道，并使其起始端位于播放指示器当前
所处位置，如图9-52所示。

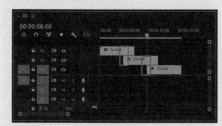

图9-52

03 选中V3轨道上的素材，移动播放指示器，
并观察"节目"监视器面板中的画面，将播放
指示器停留在构图最佳的位置，如时间刻度
00:00:05:00处，单击"节目"监视器面板中的
"导出帧"按钮 ，如图9-53所示。在弹出的
"导出帧"对话框中，将此帧画面命名为"照片
1"，选择格式为GIF，并勾选"导入到项目中"
复选框，如图9-54所示。单击"确定"按钮，
此时"项目"面板中出现"照片1.gif"素材，如
图9-55所示。

04 按照步骤3的操作，在V2轨道上的"02.mp4"
素材中选取一帧画面，单击"导出帧"按钮 ，
将画面命名为"照片2"，选择格式为GIF，勾选
"导入到项目中"复选框。单击"确定"按钮，
此时"项目"面板中出现"照片2.gif"素材，如
图9-56所示。

图9-53

图9-54

图9-55

图9-56

05 按C键将光标切换为剃刀工具，在时间刻度
00:00:04:00处将V3轨道上的"01.mp4"素材分成
两部分，在时间刻度00:00:08:00处将V2轨道上的
"02.mp4"素材分成两部分，如图9-57所示。
操作完毕后按V键，将光标切换回选择工具。

图9-57

06 在"项目"面板单击选中"照片1.gif"素
材。右击V3轨道上的第二段素材，在弹出的快捷
菜单中选择"使用剪辑替换"|"从素材箱"选
项，此时V3轨道上的第二段素材被"照片1.gif"
替换，如图9-58所示。

07 按照步骤6的操作，用"照片2.gif"替换V2轨
道上的第二段素材。完成操作后，"时间轴"面
板的素材排列如图9-59所示。

图9-58

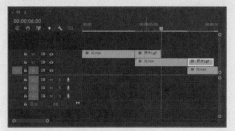

图9-59

⑧ 在"效果"面板中搜索"变换",将此效果添加至V3轨道的"照片.gif"素材中。将播放指示器移动至此素材起始端,选中此素材,打开"效果控件"面板,展开"变换"卷展栏,单击其中"位置"和"旋转"这两个参数前的"切换动画"按钮◎,在当前位置添加一个关键帧,如图9-60所示。

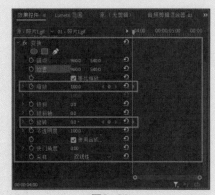

图9-60

⑨ 长按Shift键,连按七次→方向键,将播放指示器向右移动三十五帧,单击"位置"前的"切换动画"按钮◎,在当前位置添加一个关键帧;单击"添加/删除关键帧"按钮◎,在此为"缩放"参数添加一个关键帧,并将"缩放"数值调为50.0,如图9-61所示。

⑩ 将播放指示器向右移动五帧,单击"添加/删除关键帧"按钮◎,在此为"旋转"参数添加一个关键帧,并将"旋转"数值调为−15.0°,如图9-62所示。

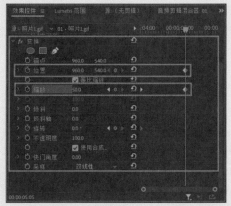

图9-61

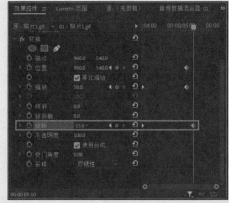

图9-62

⑪ 长按Shift键,连按三次→方向键,将播放指示器向右移动十五帧,单击"添加/删除关键帧"按钮◎,在此为"位置"参数添加一个关键帧,调整垂直位置的数值,使素材向下离开画面,如图9-63所示。

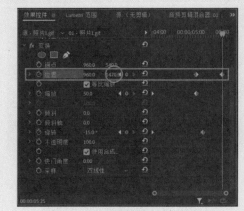

图9-63

⑫ 选中所有关键帧,右击,在弹出的快捷菜单中依次选择"临时差值"|"缓入"和"临时差值"|"缓出"选项,如图9-64所示。

图9-64

⑬ 展开"位置"参数，同时选中此参数的两个关键帧，将左侧手柄向右拉至极限，如图9-65所示，此时动画效果将由慢变快。

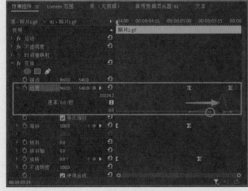

图9-65

⑭ 展开"缩放"参数，同时选中此参数的两个关键帧，将右侧手柄向左拉至极限，如图9-66所示，此时动画效果将先快后慢。

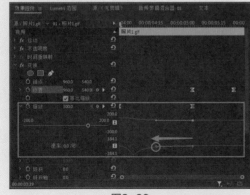

图9-66

⑮ 播放视频，预览画面，效果如图9-67~图9-70所示，可以看到画面定格缩小，然后向下移出画面，完成了转场。

图9-67

图9-68

图9-69

图9-70

⑯ 在"效果控件"面板取消勾选"使用合成的快门角度"复选框，将"快门角度"数值设置为180.00，如图9-71所示。此时素材在运动时将会出现模糊效果，使运动显得更自然。

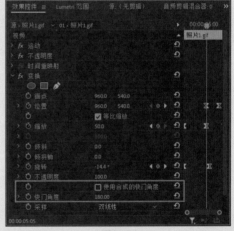

图9-71

⑰ 在"项目"面板新建一个调整图层，将调整图层移动至V4轨道。按C键将光标切换为剃刀工具，将播放指示器移动至V3轨道两个素材衔接处，在此将V4轨道上的调整图层分割为两部分。然后以当前位置为起点，向左向右各移动播放指示器五帧，分割调整图层，并删除多余素材左右两侧的多余素材。操作完毕后，"时间轴"面板V4轨道如图9-72所示。

⑱ 在"效果"面板搜索"白场过渡"，将此效果添加至V4轨道两段素材间，使此效果持续时长与两段素材总时长一致，如图9-73所示。这样可以模拟拍照的闪光灯效果。

第9章 创意转场，提升视频档次的关键元素

图9-72

图9-73

⑲ 选中V4轨道上的所有素材，长按Alt键，将其向下复制到V3轨道，移动至V2轨道两段素材衔接处上方，如图9-74所示。

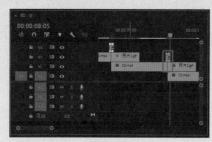

图9-74

⑳ 右击V3轨道上的"照片1.gif"素材，在弹出的快捷菜单中选择"复制"选项，然后右击V2轨道上的"照片2.gif"素材，在弹出的快捷菜单中选择"粘贴属性"选项。在"粘贴属性"对话框中，仅勾选"变换"复选框，如图9-75所示。此时"照片2.gif"素材也拥有了同样的效果。

图9-75

㉑ 最终效果如图9-76~图9-79所示，可以看到

已实现了拍照定格转场。在此基础上，还可以给定格帧加上相片边框，进行更多尝试。

图9-76	图9-77

图9-78 图9-79

9.6 实战——前景遮挡转场

本节将运用蒙版和关键帧功能，制作素材与素材之间无缝过渡的效果，操作方法不难，主要考验耐心和细心。具体操作方法如下。

扫码看教学视频

① 启动Premiere Pro软件，新建一个名称为"前景遮挡转场"的项目，将"01.mp4"和"02.mp4"素材导入"项目"面板，然后将"01.mp4"素材拖入"时间轴"面板的V2轨道中，此时会自动建立一个序列，将"02.mp4"素材拖入V1轨道，使其起始端位于00:00:03:00的位置，单击"切换轨道输出"按钮 👁，使其处于不可见状态。在播放指示器当前所在位置分割V2轨道上的素材，如图9-80所示。

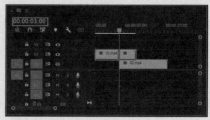

图9-80

② 选中V2轨道中的第二段素材，将播放指示器移动至此素材起始端，在"效果控件"面板中单击"不透明度"卷展栏的"自由绘制贝塞尔曲线"按钮 ✏，然后在"节目"监视器窗口绘制一个闭合蒙版，将此蒙版放置于画面右侧栏杆出现

抖音+剪映+Premiere短视频制作从新手到高手（第2版）

的位置，勾选"已反转"复选框，并将"蒙版羽化"设置为15.0，如图9-81所示。

图9-81

03 将播放指示器向右移动一帧，修改蒙版的选择范围，将栏杆右部分全部框选在蒙版内，如图9-82
所示。

图9-82

04 按照步骤3的操作，每向右移动一帧画面，就修改蒙版的选择画面，将栏杆右侧全部框选在蒙版
内，直到栏杆向左消失，蒙版框选中全部画面，如图9-83所示。

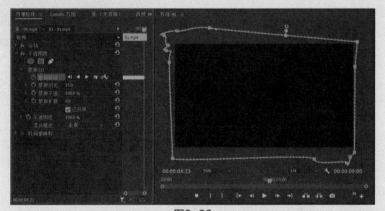

图9-83

05 再次单击V1轨道中的"切换轨道输出"按钮 ◙，使其恢复为可见状态。在"节目"监视器面板
预览最终效果，画面中人物走过的地方均被V1轨道的素材填补，形成一个前景遮挡无缝转场，如
图9-84～图9-86所示。

图9-84　　　　　　　　　图9-85　　　　　　　　　图9-86

9.7　实战——眨眼转场

　　本节操作步骤较为复杂，主要是在关键帧的辅助下利用快速模糊效果和网格效果，模拟人眼从睁开到闭上的过程，下面介绍具体制作方法。

扫码看教学视频

01 启动Premiere Pro软件，新建一个名称为"眨眼转场"的项目，将"01.mp4"和"02.mp4"素材导入"项目"面板，然后将"01.mp4"素材拖入"时间轴"面板的V1轨道中，此时会自动建立一个序列，将"02.mp4"素材拖入V1轨道，使两段素材无缝衔接。

02 在"项目"面板新建一个调整图层，将调整图层添加至V2轨道，使其位于V1轨道两段素材衔接处的上方。将播放指示器移动至V1轨道两段素材衔接处，在此位置向左向右各十五帧的位置对V2轨道上的素材进行分割，并将断点左右两侧的多余素材删除，如图9-87所示。

03 在"项目"面板新建一个黑场视频，将黑场视频添加至V3轨道，使其与V2轨道上的素材对齐，且持续时长保持一致，如图9-88所示。

04 在"效果"面板输入"网格"进行搜索，将此效果添加至V3轨道的黑场视频中，选中此素材，打开"效果控件"面板，展开"网格"卷展栏，将"锚点"参数的水平数值调为3000.0，在"大小依据"下拉菜单中选择"宽度滑块"选项，将"宽度"参数的数值设为4000.0，此时"节目"监视器面板的画面中只剩下一条网格线，如图9-89所示。

图9-87

图9-88

图9-89

⑤ 将"边框"参数的数值设为1000.0，勾选"反转网格"复选框，将"颜色"设置为黑色，此时"节目"监视器面板的画面中出现两道黑边，如图9-90所示。

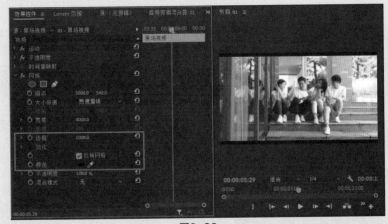

图9-90

⑥ 在"效果"面板输入"球面化"进行检索，将此效果拖动添加至V3轨道的黑场视频上。打开"效果控件"面板，将"运动"卷展栏中的"缩放"数值设置为50.0，让黑场视频整个显示在画面内，方便观察效果。将"球面化"卷展栏中的"半径"数值设置为1200.0，此时黑场视频变成类似眼眶的形状，如图9-91所示。完成后将"缩放"的数值还原至100.0，此时黑框位于画面之外，如图9-92所示。

图9-91

图9-92

07 展开"网格"卷展栏，为"边框"参数添加两个关键帧，使这两个关键帧分别位于素材的起始端和末端，如图9-93所示。

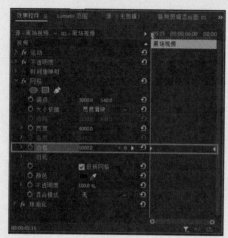

图9-93

08 将播放指示器移动至V1轨道两段素材的衔接

处，即黑场视频的中点，在此位置为"边框"参数添加一个关键帧，并将"边框"参数的数值调为0.0，如图9-94所示。

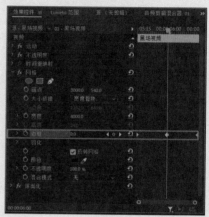

图9-94

09 此时视频效果如图9-95～图9-97所示，已经有了基本的眨眼效果，但还不够自然。

图9-95

图9-96

图9-97

10 同时选中"边框"参数的三个关键帧，右击，在弹出的快捷菜单中依次选择"缓入""缓出"选项。展开"边框"参数将中间位置的两个手柄分别向左右两边拉至极限，如图9-98所示，速率曲线发生改变，动画效果更为自然。

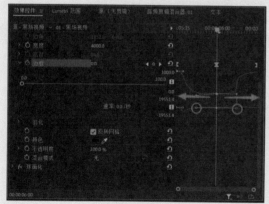

图9-98

11 在"效果"面板中搜索"快速模糊"效果，将此效果添加至V3轨道的黑场视频中，选中黑

场视频素材，打开"效果控件"面板，展开"运动"卷展栏，调整"位置"参数的数值，将水平设置为821.0，将垂直数值设置为253.0，将黑场视频移动至中间位置（如果黑场视频未发生位移，则可省略）。展开"快速模糊"卷展栏，将"模糊度"数值调为40.0，这样边框展开时，模拟眼眶的部分就有了朦胧感，如图9-99所示。

12 将"快速模糊"效果添加至V2轨道的调整图层中，选中此素材，打开"效果控件"面板，展开"快速模糊"卷展栏，在素材首尾两端以及中间位置，分别为"模糊度"参数添加关键帧，使首尾两个关键帧的数值为0.0，中间关键帧的数值为40.0，使画面随着眨眼效果从清晰到模糊再到清晰，如图9-100所示。同时选中三个关键帧，右击，在弹出的快捷菜单中依次选择"缓入""缓出"选项，使过渡更自然，如图9-101所示。

13 最终效果如图9-102～图9-105所示，可以看到眨眼间完成了场景转换。

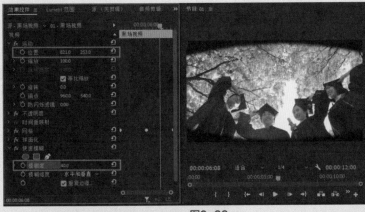

图9-99 图9-100

图9-101

 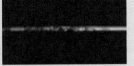

图9-102 图9-103

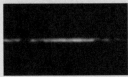 

图9-104 图9-105

9.8 实战——玻璃划过转场

本节操作步骤较为复杂，主要是在关键帧的辅助下建立基本图形，使用轨道遮罩键、投影效果等模拟玻璃划过，实现场景转换。具体制作步骤如下。

扫码看教学视频

01 启动Premiere Pro软件，新建一个名称为"玻璃划过转场"的项目，将"01.mp4""02.mp4"以及"03.mp4"素材导入"项目"面板，然后将"01.mp4"素材拖入时间轴的V1轨道中，此时会自动建立一个序列。将播放指示器移动至时间刻度00:00:04:00处，将"02.mp4"素材添加至V2轨道，使其起始端位于播放指示器当前所处位置；将播放指示器移动至时间刻度00:00:08:00处，将"03.mp4"素材添加至V3轨道，使其起始端位于播放指示器当前所处位置，如图9-106所示。

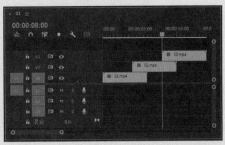

图9-106

02 将播放指示器移动至V1轨道素材的末端，在此处将V2轨道素材分割成两个部分；将播放指示器移动至V2轨道第二段素材末端，在此处将V3轨道素材分割成两个部分。长按Alt键，将V2轨道上的第一段素材向上方轨道移动，复制一份。操作完成后，"时间轴"面板中的素材排列如图9-107所示。

03 打开"基本图形"面板，单击"新建图层"按钮■，选择"矩形"选项，此时"节目"监视器画面中央出现一个灰色矩形，"时间轴"面板

V4轨道上出现图形素材。将V4轨道上的素材重命名为"玻璃"，并调整其长度，使其与V3轨道上的第一段素材对齐，如图9-108所示。

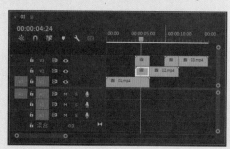

图9-107

图9-108

04 在"基本图形"面板对图形进行调整，将"宽"数值调为2500.0，将"高"数值调为150.0，在"节目"监视器面板的画面中，将矩形正中间的蓝色锚点移动至矩形内部最右侧，如图9-109所示。

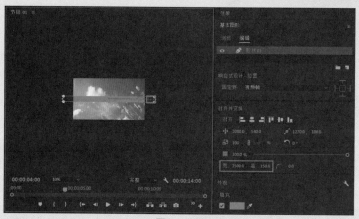

图9-109

05 将"旋转"数值调为-90°，在"节目"监视器面板中整体移动矩形，使锚点部分位于画面顶部之外，然后单击"水平居中对齐"按钮，使矩形水平居中，如图9-110所示。

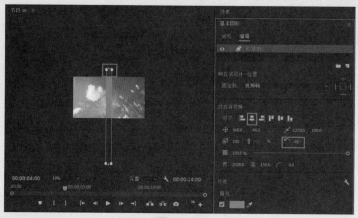

图9-110

抖音+剪映+Premiere短视频制作从新手到高手（第2版）

06 打开"效果控件"面板,在"图形"设置中找到并打开"形状(形状01)"卷展栏,单击"旋转"参数前的"切换动画"按钮 ,在此素材起始端为此参数添加一个关键帧,并调整参数数值为0.0°。将播放指示器移动至此素材中间位置,将参数数值调为-90.0°;将播放指示器移动至此素材末端,将参数数值调为-180.0°。完成操作后,"旋转"参数将会有三个关键帧,如图9-111所示。

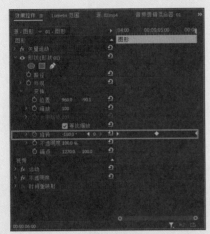

图9-111

07 同时选中这三个关键帧,右击,在弹出的快捷菜单中依次选择"缓入""缓出"选项。展开"旋转"参数,仅选中中间位置的关键帧,将此关键帧的左侧手柄向左拉至极限,将右侧手柄向右拉至极限,改变速率曲线,如图9-112所示,使关键帧动画效果更自然。

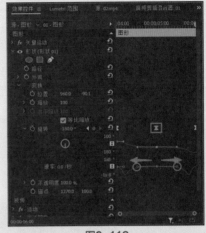

图9-112

08 播放视频,进行预览,此时矩形素材有了钟摆滑动的效果,如图9-113~图9-115所示。

图9-113

图9-114

图9-115

09 在"效果"面板中搜索"轨道遮罩键",将此效果添加至V3轨道的"02.mp4"素材中,选中此素材,打开"效果控件"面板,将"运动"卷展栏中"缩放"参数的数值调为150.0,在"轨道遮罩键"卷展栏中,将"遮罩"设置为"视频4",此时在"节目"监视器面板的画面中,灰色矩形被视频素材替换,玻璃条初步做成,如图9-116所示。

图9-116

⑩ 打开"Lumetri颜色"面板，展开"基本校正"卷展栏，将"曝光"的数值调为1.5，此时"节目"监视器面板中玻璃条变亮，模拟玻璃的通透感，如图9-117所示。

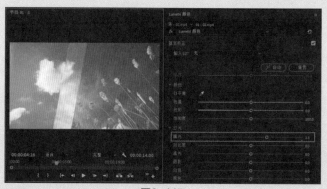

图9-117

⑪ 在"效果"面板中搜索"投影"，将此效果添加至V3轨道的"02.mp4"素材，选中此素材，打开"效果控件"面板，展开"投影"卷展栏，将"阴影颜色"设置为白色，将"不透明度"数值调为100%，将"方向""距离"两个参数的数值调为0.0，并将"柔和度"的数值调为15.0，如图9-118所示，此时"节目"监视器面板中的玻璃条边缘将出现白边，模拟玻璃边缘的反光效果。

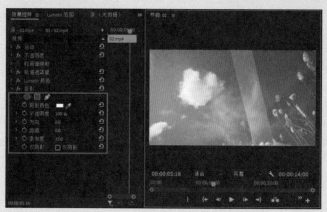

图9-118

⑫ 再次为V3轨道上的"02.mp4"素材添加一个"投影"效果，在"效果控件"面板中展开此"投影"卷展栏，将"投影颜色"设置为黑色，将"不透明度"数值调为100%，将"方向"调为135.0°，将"距离"调为5.0，将"柔和度"调为20.0，如图9-119所示，此时"节目"监视器面板中玻璃条边缘将会出现黑边，模拟阴影效果，增强立体感。

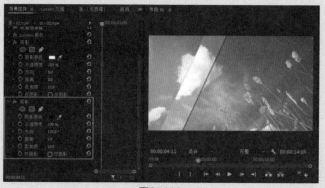

图9-119

⑬ 单击选中V2轨道上的第一段"02.mp4"素材，打开"效果控件"卷展栏，展开"不透明度"卷展栏，单击"自由绘制贝塞尔曲线"按钮 ✏，在"节目"监视器面板的左上方绘制一个多边形蒙版，然后按照实战9.6中的步骤，随着玻璃条滑动的效果改变蒙版的形状和位置，使"02.mp4"素材随着玻璃条滑动逐渐显示出来，如图9-120所示。

⑭ 长按Alt键，将V4轨道上的素材向上移动复制，使V5轨道上出现相同的素材，移动V5轨道上的素材，使其与V4轨道上的"03.mp4"素材对齐，如图9-121所示。

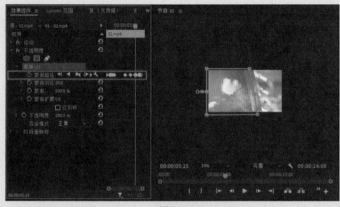

图9-120 图9-121

⑮ 右击V3轨道上的"02.mp4"素材，在弹出的快捷菜单中选择"复制"选项，然后右击V4轨道上的"03.mp4"素材，在弹出的快捷菜单中选择"粘贴属性"选项，在"粘贴属性"对话框中勾选"效果"复选框，一键勾选所有效果，勾选"运动"复选框，其他不勾选，如图9-122所示。

罩"设置为"视频5"，如图 9-124所示，此时玻璃划过转场效果就全部复刻至二、三段视频上了。

图9-123

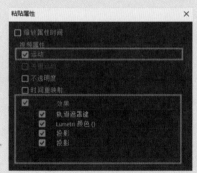

图9-122

⑯ 右击V2轨道上的第一段素材"02.mp4"，在弹出的快捷菜单中选择"复制"选项，然后右击V3轨道上的第一段素材"03.mp4"，在弹出的快捷菜单中选择"粘贴属性"选项，在"粘贴属性"对话框中勾选"不透明度"复选框，其余不勾选，如图9-123所示。

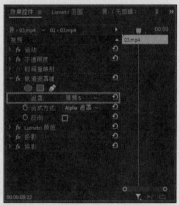

图9-124

⑰ 单击选中V4轨道上的"03.mp4"素材，打开"效果控件"面板，展开"轨道遮罩键"卷展栏，将"遮

⑱ 最终效果如图9-125～图9-127所示，可以看到，场景随着玻璃条划过而转换。

图9-125

图9-126

图9-127

9.9 实战——炫光转场

本节将为素材添加镜头光晕效果，制作关键帧动画，实现简单的炫光转场。具体制作方法如下。

扫码看教学视频

01 启动Premiere Pro软件，新建一个名为"炫光转场"的项目，将"01.mp4"和"02.mp4"素材导入"项目"面板，将"01.mp4"素材添加至"时间轴"面板，系统将自动建立一个序列，"01.mp4"素材位于此序列的V1轨道，将"02.mp4"素材添加至V1轨道，使其与"01.mp4"素材无缝衔接，如图9-128所示。

图9-128

02 在"项目"面板中创建一个调整图层，将调整图层添加至V2轨道，使其位于V1轨道两个素材衔接处上方，将播放指示器移动至两段素材衔接处，在此位置左右各三十帧的位置对调整图层进行分割，并将左右两侧的多余部分删除，如图9-129所示。

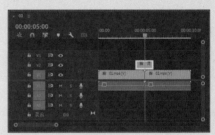
图9-129

03 在"效果"面板中搜索"镜头光晕"，将此效果添加至V2轨道上的调整图层中。将播放指示器移动至V1轨道两段素材的衔接处，打开"效果控件"面板，展开"镜头光晕"卷展栏，将"光晕强度"的数值调为240%，单击"光晕中心"前的"切换动画"按钮 ，在此位置分别添加一个关键帧，并将"光晕中心"的水平数值设置为960.0、垂直数值设置为540.0，此时"节目"监视器面板的画面被光照亮，为纯白色，如图9-130所示。

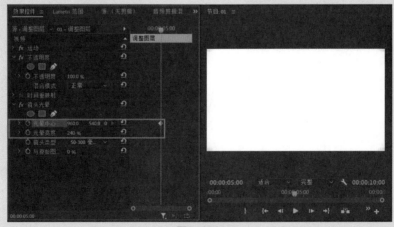
图9-130

04 将播放指示器移动至此素材起始端,将"光晕中心"的水平数值调为-4000.0,在此添加一个关键帧,使光晕移出画面,位于画面左侧,如图9-131所示;将播放指示器移动至此素材末端,将"光晕中心"的水平数值调为4000.0,在此添加一个关键帧,使光晕移出画面,位于画面右侧,如图9-132所示。

单中依次选择"临时差值"|"缓入"和"临时差值"|"缓出"选项。展开"光晕中心"参数,单击选中第一个关键帧,将此关键帧的手柄向右拉至极限,如图9-133所示,此段动画从慢变快。单击第三个关键帧,将此关键帧的手柄向左拉至极限,如图9-134所示,此段动画从快变慢。

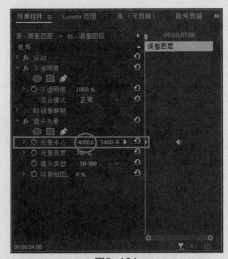
图9-131

图9-133

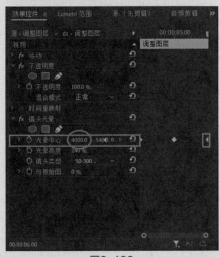
图9-132

05 同时选中三个关键帧,右击,在弹出的快捷菜

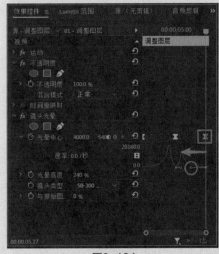
图9-134

06 最终效果如图9-135~图9-137所示,随着光晕的移动,画面中的场景发生转换。

图9-135

图9-136

图9-137

第9章 创意转场,提升视频档次的关键元素

181

在"效果控件"面板中右击经过设置的"镜头光晕"卷展栏标题,在弹出的快捷菜单中选择"保存预设"选项,如图9-138所示。在弹出的"保存预设"对话框中修改名称为"炫光转场",如图9-139所示,单击"确定"按钮,将此设置作为预设保存。此时在"效果"面板中打开"预设"卷展栏,可以看到刚刚制作并保存的预设,如图9-140所示。

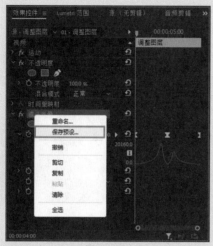

图9-138

图9-139

图9-140

此时,直接将此效果添加至调整图层,就能够获得炫光转场的效果。很多预设都可以采用此种方式保存,提高剪辑效率。

9.10 实战——纸面穿梭特效转场

本节将结合使用缩放和关键帧功能,制作画面逐渐放大的效果,接着添加渐变擦除效果,让图片素材与视频素材的过渡更自然,以此营造一种从静态图片到动态视频的穿梭效果。具体制作方法如下。

扫码看教学视频

01 启动Premiere Pro软件,新建一个名称为"纸面穿梭转场"的项目,将"甲秀楼.mp4""静态图.png"和"桌面.jpg"素材导入"项目"面板,并将"桌面.jpg"素材拖入"时间轴"面板的V1轨道中,此时会自动建立一个序列。

02 将播放指示器移动至时间刻度00:00:02:00处,并将"静态图.png"素材拖入"时间轴"面板的V2轨道,使其起始端与播放指示器对齐。将播放指示器移动至V1轨道素材的末端,在此处将V2轨道素材分割成两部分,将右侧多余部分删除,如图9-141所示。

图9-141

03 选中V2轨道上的素材,打开"效果控件"面板,展开"不透明度"卷展栏,将"不透明度"的数值设置为50.0%,然后调整"位置""旋转""缩放"三个参数的数值,使"静态图.png"与"桌面.jpg"素材上的图片重合,如图9-142所示。修改完成后将"不透明度"值复原为100.0%。

04 在"效果"面板中搜索"渐变擦除"效果,将"过渡"卷展栏中的"渐变擦除"效果拖动添加至V2轨道素材上。单击选中此素材,打开"效果控件"面板,单击"过渡完成"前的"切换动画"按钮,在此素材起始端和末端添加一个关键帧,将首帧的数值设置为100%,尾帧的数值设置为0%,如图9-143所示。

图9-142

图9-143

⑤ 选中这两个关键帧，右击，在弹出的快捷菜单中依次选择"缓入""缓出"选项，完成操作后的预览效果如图9-144～图9-146所示，可以看到画面从黑白渐变转为彩色。

图9-144　　　　　　　　　图9-145　　　　　　　　　图9-146

⑥ 同时选中轨道上的所有素材，右击，在弹出的快捷菜单中选择"嵌套"选项，此时V1轨道上出现"嵌套序列01"。将"甲秀楼.mp4"素材拖入"时间轴"面板的V1轨道中，使其与"嵌套序列01"的结尾处无缝衔接，如图9-147所示。

⑦ 右击"甲秀楼.mp4"素材，在弹出的快捷菜单中选择"缩放为帧大小"选项，使素材与视频设置保持一致。在"效果控件"面板中，将"缩放"数值设置为150.0，"旋转"设置为5.3°，以此来与"嵌套序列01"中图片的角度保持一致，如图9-148所示。

⑧ 在"项目"面板中单击"新建项"按钮 ，创建一个调整图层，将调整图层拖入"时间轴"面板的V2轨道中，将调整图层的"持续时间"设置为00:00:00:10，移动其位置，使其末端与"嵌套序列

01"末端对齐，如图9-149所示。

09 在"效果"面板中搜索"变换"效果，将此效果拖动添加至V2轨道的调整图层上。单击选中此素材，在"效果控件"面板中展开"变换"卷展栏，单击"缩放"属性前的"切换动画"按钮◎，给首尾处分别添加一个关键帧，并将尾帧的"缩放"数值设置为370.0，如图9-150所示。

10 同时选中两个关键帧，右击，在弹出的快捷菜单中依次选择"缓入""缓出"选项，展开此参数，将两个手柄向右拉至极限。最后取消勾选

"使用合成的快门角度"复选框，并将"快门角度"设置为180.00，如图9-151所示。

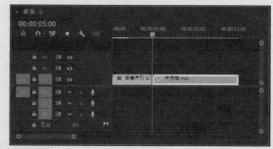

图9-147

图9-148

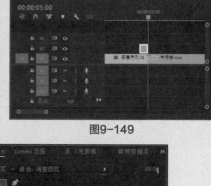

图9-149

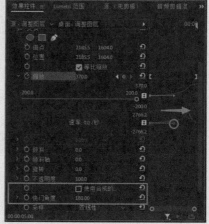

图9-150　　　　　　　　　　　　图9-151

11 选中V1轨道中的"甲秀楼.mp4"素材，将播放指示器移动至此素材起始端，打开"效果控件"面板，在"运动"卷展栏中单击"缩放"和"旋转"前的"切换动画"按钮◎，添加一个关键帧，如图9-152所示。

12 长按Shift键，连按五次→方向键，将"缩放"数值设置为135.0，"旋转"设置为0.0°，此时画面恢复为原始状态，如图9-153所示。同时选中所有关键帧，右击，在弹出的快捷菜单中依次选择"缓入""缓出"选项。

13 最终效果如图9-154～图9-156所示，画面先从黑白渐变至彩色，然后逐渐放大，直到与视频重合。

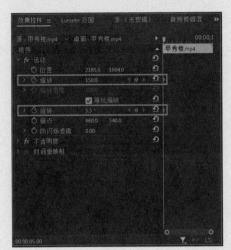

图9-152

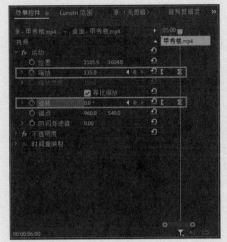

图9-153

图9-154

图9-155

图9-156

9.11 本章小结

通过本章的学习，相信读者朋友们对转场的概念，及常见的转场制作方法有了更深入的了解。需要注意的是，在转场的过程中要尽量以自然连贯的方式进行过渡，切忌生硬勉强地进行画面切换。优秀的转场会使作品看起来更流畅、精致。优秀的转场不用特别复杂多样、过分炫酷，以免分散观众的注意力。

第10章
文字特效，画面中必不可少的吸睛点

文字是语言的载体，是传达信息的方式和工具。在电影片头片尾、综艺节目以及Vlog中经常可以看到多种多样的文字特效。给文字添加不同效果，不仅能清晰地传达信息，还能提升画面美感及影片质感。

10.1 实战——制作创意标题文字

本节将在"基本图形"面板中建立文字，修改文字样式，添加装饰素材，制作创意标题文字。下面对具体操作进行说明。

扫码看教学视频

01 启动Premiere Pro软件，新建一个名称为"创意标题文字"的项目，将"黑板背景.jpg""田字格.png""模拟粉笔材质.jpg""云朵1.png""云朵2.png""纸飞机.png"等素材导入"项目"面板，并将"黑板背景.jpg"素材拖入"时间轴"面板中，此时会自动建立一个序列。

02 打开"基本图形"面板，单击"新建图层"按钮，选择"文本"选项，即可在"基本图形"面板中对新建的文字素材进行各种设置，如图10-1和图10-2所示。

图10-1

图10-2

03 在"基本图形"面板的素材栏中双击"新建文本图层"素材，将文字修改为"开学啦"，使用快捷键Ctrl+A全选文字，选择一个合适的字体，在"文本"设置中，将"字体大小"数值调整为400，将"字距调整"数值调整为400，单击"居中对齐文本"按钮，使文本居中对齐，单击"仿粗体"按钮加粗文字。然后单击"对齐并变换"设置中的"水平居中对齐"按钮，使文字在水平位置上居于画面中间，将水平位置的数值调为900.0，使文字整体位于画面靠上的位置，如图10-3所示。

◎提示·◎

在进行文字设置时，将"回放分辨率"的数值适当调小，能够使操作和预览更加流畅。单击展开"节目"监视器面板右下方的"选择回放分辨率"下拉菜单，即可对回放分辨率进行设置。

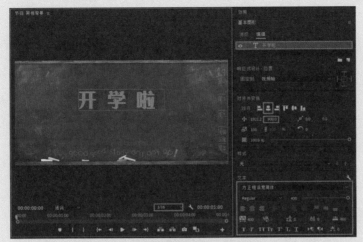

图10-3

04 将"田字格.png"素材添加至"基本图形"面板的素材栏中,使其位于文字素材"开学啦"下方,重复添加两次,使素材栏中有三个"田字格.png"素材。调整每个素材的位置,使它们分别位于文字下方,如图10-4所示。

图10-4

05 同时选中三个"田字格.png"素材,选择"对齐模式"为"对齐到选区",然后分别单击"水平居中对齐"按钮 和"水平均匀分布"按钮 ,使三个素材水平对齐且均匀分布,与文字素材更贴合,如图10-5所示。

图10-5

同时选中多个素材后，"基本图形"面板中的"对齐模式"有三种，分别为"对齐到视频帧""作为组对齐到视频帧"以及"对齐到选区"。

如果选择"对齐到视频帧"模式，所选素材的对齐空间为整个画面，单击"对齐"设置中的任一按钮，所选中的每个素材将独立地执行按钮下达的命令。例如，单击"左对齐"按钮 ，所有被选中的素材将会从当前位置向左对齐，如果所选素材的水平位置相同，则会出现素材重合的情况，如图10-6所示。

图10-6

如果选择"作为组对齐到视频帧"模式，所选素材的对齐空间同样为整个画面，但单击"对齐"设置中的任一按钮时，所选中的素材将作为整体执行按钮下达的命令。例如，单击"左对齐"按钮 ，所选素材作为一个整体从当前位置向左对齐，即便素材的水平位置相同，也不会出现重叠的情况，如图10-7所示。

图10-7

如果选择"对齐到选区"模式，则所选素材的对齐空间为所选素材构成的选区范围，此时单击"对齐"设置中的任一按钮，所选中的每个素材将独立地执行按钮下达的命令。例如，单击"左对齐"按钮 ，所有被选中的素材将从当前位置对齐到选区最左侧的位置，如图10-8所示。此时选区也随着素材的移动而发生改变，如果素材全部重合，那么无法再通过单击"对齐"设置中的按钮对素材位置做出更改。

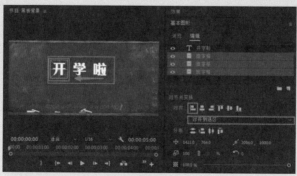

图10-8

06 将"云朵1.png""云朵2.png"素材添加至"基本图形"面板的素材栏中，使它们位于文字上层，移动它们的位置，使它们分别位于文字的左上角和右下角作为文字装饰，如图10-9所示。

图10-9

07 将"纸飞机.png"素材添加至"基本图形"面板的素材栏中，使其位于最上方，移动其位置，改变其大小，使其位于文字右侧作为装饰，如图10-10所示。

图10-10

08 将"模拟粉笔材质.jpg"素材添加至"基本图形"面板的素材栏中，使其位于文字素材下方，"田字格.png"素材上方。单击选中素材栏中的文字素材，然后选择"文字蒙版"选项，此时由于蒙版作用，"模拟粉笔材质.jpg"素材以文字形式出现，使文字获得粉笔材质效果，而"田字格.png"素材处于不可见状态，如图10-11所示。

09 同时选中文字素材和"模拟粉笔材质.jpg"素材，单击"创建组"按钮▣，这两个素材即被合并为一个素材组，此时"田字格.png"素材再度出现，如图10-12所示。

10 在"时间轴"面板中右击V2轨道上的文字素材，在弹出的快捷菜单中选择"嵌套"选项，并将新建的嵌套序列命名为"标题文字"，如

图10-13所示。

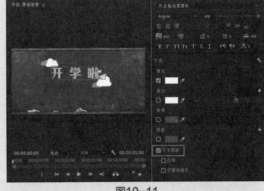

图10-11

图10-12

图10-13

11 在"效果"面板搜索"渐变擦除"效果，将"过渡"卷展栏中的"渐变擦除"效果添加至V2轨道上的素材中。选中此素材，在"效果控件"面板中展开"渐变擦除"卷展栏，单击"过渡完成"前的"切换动画"按钮◎，为此参数添加两个关键帧，使其中一个关键帧位于此素材起始端，另一个关键帧位于时间刻度00:00:03:00处，在起始端的关键帧处将"过渡完成"的数值设为100%。将"过渡柔和度"的数值调整为50%，选择"渐变放置"为"平铺渐变"，如图10-14所示。

12 最终效果如图10-15～图10-17所示，随着时间流逝，标题文字逐渐显示出来。

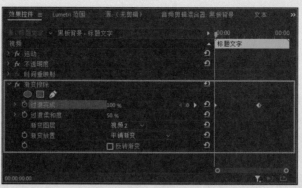

图10-14

图10-15

图10-16

图10-17

10.2 实战——制作趣味拼贴文字

本节将在"基本图形"面板中创建文字，结合各种素材，制作趣味拼贴文字，并使用关键帧制作文字动画效果。具体制作方法如下。

扫码看教学视频

01 启动Premiere Pro软件，新建一个名称为"趣味拼贴文字"的项目，将"背景.png""贴纸1.png""贴纸2.png"以及"贴纸3.png"这四个素材导入"项目"面板，并将"背景.png"素材添加至"时间轴"面板，此时系统将自动建立一个序列。

02 打开"基本图形"面板，单击"新建图层"按钮，选择"文本"选项，此时"时间轴"面板的V2轨道上会出现一个文字素材。双击"基本图层"素材栏中的文字素材，修改其中文字为"episode one"，选择一个合适的字体，将"字体大小"设置为80，单击"仿粗体"按钮加粗字体，并将此文字移动至视频画面的左上角，如图10-18所示。

03 单击"基本图形"面板中的"新建图层"按钮，选择"文本"选项，双击素材栏中的文字

素材，修改其中文字为"第一期"，选择一个合适的字体，将"字体大小"设置为60，单击"仿粗体"按钮加粗字体，并将此文字移动至视频画面的左上角，如图10-19所示。

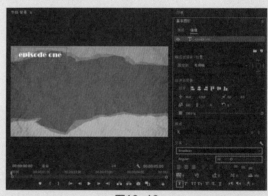

图10-18

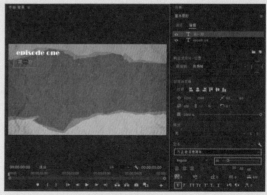

图10-19

04 在素材栏中同时选中两个文字素材，选择"对齐方式"为"对齐到选区"，然后单击"左对齐"按钮 ，使这两个素材在选区左侧对齐，如图10-20所示。

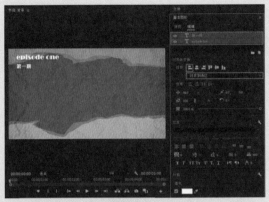

图10-20

05 在"时间轴"面板单击取消选中状态，然后再单击"基本图形"面板中的"新建图层"按钮 ，选择"文本"选项，此时"时间轴"面板的V3轨道上会出现一个文字素材。双击"基本图层"素材栏中的文字素材，修改其中文字为"从零到一"，选择一个合适的字体，将"字体大小"的数值设置为140，将"字距调整"的数值设置为120，单击"仿粗体"按钮 加粗字体，并将此文字移动至视频画面左侧，将"旋转"的数值设置为-13°，如图10-21所示。

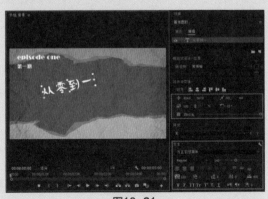

图10-21

06 将"贴纸1.png"和"贴纸3.png"素材添加至"基本图形"面板中的素材栏中，使它们位于文字素材的下方，调整这两个素材的位置、大

小、旋转等参数的数值，为文字添加装饰效果，如图10-22所示。

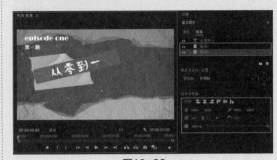

图10-22

07 单击选中素材栏中的文字素材，在"节目"监视器面板中打开"选择缩放级别"下拉菜单，选择一个合适的选项放大视频画面，使文字更清楚地显示。

08 在"基本图形"面板中对文字的"外观"进行设置，勾选"阴影"复选框，选择颜色为黑色，将"不透明度" 数值调整为100%，将"距离" 的数值设置为10.0，将"大小" 的数值设置为10.0，并将"模糊" 的数值设置为0，效果如图10-23所示，此时文字有了一定的立体感。将"选择缩放级别"设置为"合适"，整体观看画面效果。

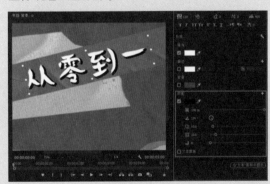

图10-23

09 在"时间轴"面板单击取消选中状态，然后再单击"基本图形"面板中的"新建图层"按钮 ，选择"文本"选项，此时"时间轴"面板的V4轨道上将会出现一个文字素材，双击文字素材，将其中文字修改为"短视频制作"，然后按照步骤5至步骤7的操作，在画面右侧制作文字效果，并添加"贴纸1.png"和"贴纸2.png"素材作为装饰，如图10-24所示。

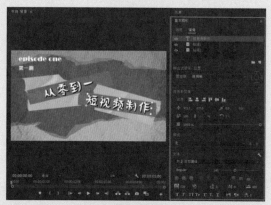

图10-24

⑩ 右击"时间轴"面板中V2轨道上的素材，在弹出的快捷菜单中选择"嵌套"选项，建立名为"期数"的嵌套序列；右击V3轨道上的素材，在弹出的快捷菜单中选择"嵌套"选项，建立名为"标题（上）"的嵌套序列；右击V4轨道上的素材，在弹出的快捷菜单中选择"嵌套"选项，建立名为"标题（下）"的嵌套序列。操作完毕后，"时间轴"面板中的素材排列如图10-25所示。

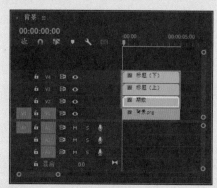

图10-25

⑪ 单击选中V2轨道上的素材，打开"效果控件"面板，展开"不透明度"卷展栏，单击"不透明度"参数前的"切换动画"按钮，在此素材的起始端和时间刻度00:00:02:00处分别添加一个关键帧，并将起始端关键帧处的数值调整为0.0%，同时选中两个关键帧，右击，在弹出的快捷菜单中依次选择"缓入""缓出"选项。操作完毕后，"效果控件"面板各项参数如图10-26所示。

⑫ 在"效果"面板中搜索"变换"效果，将此效果添加至V3轨道的素材中。单击选中此素材，打

开"效果控件"面板，找到"不透明度"卷展栏中的"不透明度"参数，以及"变换"卷展栏中的"缩放"参数，分别单击这两个参数前的"切换动画"按钮，并分别在素材起始端与时间刻度00:00:01:00处为这两个参数添加关键帧。

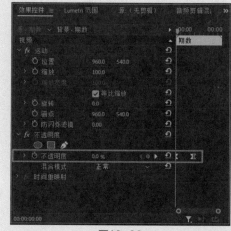

图10-26

⑬ 同时选中这四个关键帧，右击，在弹出的快捷菜单中依次选择"缓入""缓出"选项，展开"缩放"参数，选中第一个关键帧，将此关键帧的手柄向右拉至极限，使动画效果从慢变快。取消勾选"使用合成的快门角度"复选框，并将"快门角度"数值调整为180.00。操作完毕后，"效果控件"面板的各项参数设置如图10-27所示。

⑭ 右击V3轨道上的素材，在弹出的快捷菜单中选择"复制"选项。右击V4轨道上的素材，在弹出的快捷菜单中选择"粘贴属性"选项，在弹出来的"粘贴属性"对话框中勾选"不透明度"和"效果"复选框，如图10-28所示。然后单击"确定"按钮，将效果设置粘贴至V4轨道中的素材上。

⑮ 单击选中V4轨道上的素材，打开"效果控件"面板，将播放指示器移动至时间刻度00:00:01:00处，同时选中四个关键帧，将四个关键帧向右移动，使每个参数的第一个关键帧都处于时间刻度00:00:01:00的位置，如图10-29所示。

⑯ 最终效果如图10-30～图10-32所示，文字随动画效果逐渐出现。

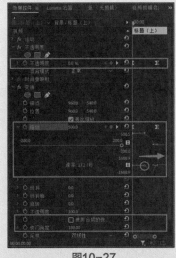
图10-27

图10-28

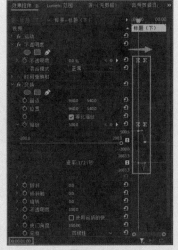
图10-29

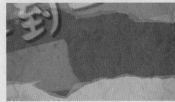
图10-30

图10-31

图10-32

10.3 实战——制作视频内容进度条

本节将利用形状工具绘制一个与进度条形状相似的图形，再制作裁剪关键帧动画效果，营造出加载的效果。具体制作方法如下。

扫码看教学视频

01 启动Premiere Pro软件，新建一个名称为"视频进度条"的项目，将"森林.mp4""沙漠.mp4""大海.mp4"以及"图标.png"这四个素材导入"项目"面板，并依次将"森林.mp4""沙漠.mp4""大海.mp4"素材添加至"时间轴"面板的V1轨道中，使它们无缝衔接。

02 在"基本图形"面板中单击"新建图层"按钮█，选择"矩形8"选项，创建一个矩形。将"宽"的数值设为640.0（视频宽度的三分之一）、"高"的数值设为80.0，依次单击"底对

齐"按钮█和"左对齐"按钮█，使矩形位于画面的左下方，如图10-33所示。

图10-33

03 单击"外观"设置中"填色"参数的"吸管"按钮█，使用吸管在"节目"监视器面板的画面中吸取此部分代表颜色，如图10-34所示。

04 在"基本图形"面板的素材栏中单击选中其中的形状素材，使用快捷键Ctrl+C复制此素材，使用两次快捷键Ctrl+V，此时素材栏中出现两个相同的复制素材。单击选中其中一个复制素材，然后单击"水平居中对齐"按钮█，使其位于画面底部的中间位置，将播放指示器移动至V1轨

道第二段素材的任意位置，单击"外观"设置中"填色"参数的"吸色管"按钮🖊，使用吸色管在"节目"监视器面板的画面中吸取这一部分的代表颜色，如图10-35所示。

图10-34

图10-35

文字素材和左侧的矩形素材，选择"对齐模式"为"对齐到选区"，单击"水平居中对齐"按钮🔳和"垂直居中对齐"按钮🔳，使文字位于矩形素材正中央，如图10-37所示。

图10-36

图10-37

05 单击选中另一个复制素材，然后单击"右对齐"按钮🔳，使其位于画面底部的右侧位置，将播放指示器移动至V1轨道中第三段素材的任意位置，单击"外观"设置中"填色"参数的"吸色管"按钮🖊，使用吸色管在"节目"监视器面板的画面中吸取这一部分的代表颜色，如图10-36所示。

06 在"基本图形"中单击"新建图层"按钮🔳，选择"文本"选项，新建文本素材。双击新建的文本素材，将其中的文字修改为"森林"，选择一个合适的字体，将"字号大小"数值设置为60，修改文字填充色为白色。依次单击"底对齐"按钮🔳和"左对齐"按钮🔳，然后同时选中

07 新建文本素材，修改文字为"沙漠"，使此文字与步骤6中的文字样式保持一致，单击"底对齐"按钮🔳，同时选中此文字素材和中间的矩形素材，选择"对齐模式"为"对齐到选区"，单击"水平居中对齐"按钮🔳和"垂直居中对齐"按钮🔳，使文字位于矩形素材正中央。

08 再次新建文本素材，修改文字为"大海"，使此文字与步骤6中的文字样式保持一致，依次单击"底对齐"按钮🔳和"右对齐"按钮🔳，同时选中此文字素材和右侧的矩形素材，选择"对齐模式"为"对齐到选区"，单击"水平居中对齐"按钮🔳和"垂直居中对齐"按钮🔳，使文字位于矩形素材正中央。最终画面如图10-38所示。

图10-38

09 在"时间轴"面板中单击空白处，取消V2轨道素材的选中状态，并将播放指示器移动至轨道起始端。在"基本图形"面板中单击"新建图层"按钮，选择"矩形"选项，新建一个图形素材。将"宽"的数值设为1920.0（视频宽度）、"高"的数值设为80.0，然后单击"底对齐"按钮，使此素材位于画面底部，遮住三个矩形素材，并将此素材的颜色设置为白色，如图10-39所示。

图10-39

10 在"效果"面板中搜索"裁剪"效果，将此效果添加至V3轨道的素材中。单击选中此素材，打开"效果控件"面板，找到并展开"裁剪"卷展栏，单击"左侧"参数前的"切换动画"按钮，在此素材的起始端和末端分别添加一个关键帧，并在末端关键帧处，将"左侧"数值设置为100.0%，形成关键帧动画，如图10-40所示。此时简易的进度条就已经做好了。

11 将"图标.png"素材添加至V4轨道，拉长此素材，使其与视频总长度等长。选中此素材，将播放指示器移动至此素材起始端，打开"效

果控件"面板，将"缩放"数值调整为10.0，将"位置"的水平数值调为0.0，将垂直数值调为1000.0，单击"位置"前的"切换动画"按钮，在此添加一个关键帧。此时图标素材缩小，且位于视频画面的左下角，如图10-41所示。

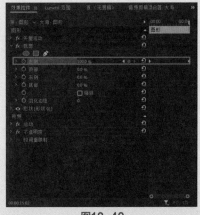

图10-40

图10-41

12 将播放指示器移动至此素材末端，将"位置"的水平数值调为1920.0，如图10-42所示，系统在此位置自动添加了一个关键帧。此时图标将处于视频画面的右下角。

图10-42

13 最终效果如图10-43～图10-45所示。

图10-43

图10-44

图10-45

10.4 实战——制作霓虹灯发光文字

本节主要通过使用"快速模糊"效果,营造逼真的霓虹灯发光效果。具体制作方法如下。

扫码看教学视频

01 启动Premiere Pro软件,新建一个名称为"霓虹灯文字效果"的项目,将"开关.wav"素材添加至"项目"面板,创建一个序列,将"开关.wav"素材添加至A1轨道中。

02 在"基本图形"面板中单击"新建图层"按钮 ，选择"文本"选项,新建文本"VLOG",选择一个合适的字体,并将"字号大小"数值调大,然后依次单击"水平居中对齐"按钮 和"垂直居中对齐"按钮 ，使文字位于视频画面中心,如图10-46所示。

图10-46

03 调整V1轨道上文字素材的长度,使其与A1轨道上的音频素材长度保持一致。将播放指示器移动至时间刻度00:00:00:15处,在此位置将V1轨

道上的素材分割成两部分,并长按Alt键,选中第二部分,向上拖动复制,使V2、V3轨道上出现此素材的复制素材,如图10-47所示。

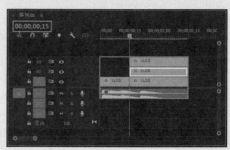
图10-47

⊙提示·

单击"填充"右侧的色块,弹出"拾色器"对话框,可以在此对话框中选取文字的颜色。打开对话框左上角的下拉菜单,可以选择"实底""线性渐变""径向渐变"三种颜色填充模式。

在"实底"填充模式下,文字显示为单色,如图10-48所示。

图10-48

在"线性渐变"填充模式下,文字显示为从上到下变化的渐变色,如图10-49所示。单击选中色标,即可为色标添加颜色;左右滑动色标能够改变色标颜色的显示范围。单击任意位置,还可以添加色标,使渐变层次显得更加丰富,如图10-50所示。

图10-49

图10-50

在"径向渐变"填充模式下,文字颜色显示为从中心向外扩展的渐变颜色,如图10-51所示。

图10-51

04 在"效果"面板搜索"快速模糊"效果,将此效果分别添加至V1轨道的第二段素材和V2轨道的素材中。选中V1轨道中的第二段素材,打开"效果控件"面板,将"模糊度"数值设置为68.0,此时文字呈微微发光效果,如图10-52所示。选中V2轨道中的素材,将"模糊度"数值设置为211.0,此时文字发光效果明显,如图10-53所示。

05 选中V3轨道上的素材,打开"Lumetri颜色"面板,展开"曲线"卷展栏,打开"RGB曲线"设置,向上拖动曲线,使"节目"监视器面板中的文字变亮,制作发光效果,如图10-54所示。

06 同时选中V1轨道的第二段素材以及V2、V3轨道上的素材,右击,在弹出的快捷菜单中选择"嵌套"选项,将此三个素材新建为一个名为"发光"的嵌套序列,如图10-55所示。

图10-52

图10-53

图10-54

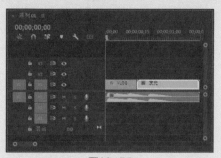

图10-55

07 根据音效的节奏点,添加标记点,并切割"VLOG"和"发光"素材,将两种素材交叉摆放,在第一个标记点前放正常文字效果的"VLOG"素材,在第二个标记点前放霓虹灯文字效果,重复此操作直至音效结束,如图10-56所示。

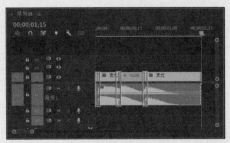

图10-56

⑧ 预览效果可以看到，文字随着音效的起伏而变化，营造出一种开关霓虹灯的视觉效果，如图10-57和图10-58所示。

图10-57

图10-58

⑨ 以带有透明通道的格式保存，还能够将其作为文字素材添加至其他视频中，效果如图10-59和图10-60所示。

图10-59

图10-60

10.5　实战——制作循环滚动文字

本节将运用Premiere Pro中的"偏移"效果（部分版本为"位移"效果）制作循环滚动的文字。具体制作方法如下。

扫码看教学视频

① 启动Premiere Pro软件，新建一个名称为"文字循环滚动效果"的项目，创建一个序列，在"项目"面板中新建一个名为"背景"的颜色遮罩素材，并为此素材选取一个合适的颜色，将此素材添加至"时间轴"面板V1轨道中，如图10-61所示。

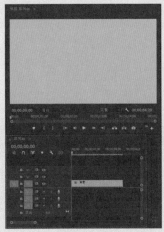

图10-61

② 打开"基本图形"面板，新建内容为"Sample"文本，为文字选择一个合适的字体。修改"字距调整"的数值，使文字间保持合适的距离，取消勾选"填充"复选框。勾选"描边"复选框，并将数值调为5.0；勾选"阴影"复选框，为文字添加阴影，作为装饰，如图10-62所示。

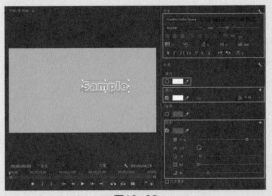

图10-62

03 在"基本图形"面板中选中文字素材,使用快捷键Ctrl+C和Ctrl+V将文字复制粘贴两次。然后依次选中这三个文字素材,分别单击"左对齐"按钮▤、"水平居中对齐"按钮▥以及"右对齐"按钮▦,使它们在同一水平线上分散开,如图10-63所示。

图10-63

04 在"时间轴"面板中右击V2轨道上的文字素材,在弹出的快捷菜单中选择"嵌套"选项,将此素材嵌套为名为"滚动文字"的序列。单击选中此素材,打开"效果控件"面板,将"缩放"的数值调为200.0,如图10-64所示。

05 长按Alt键,将V2轨道上的素材向上拖动复制,使V3和V4轨道上出现"滚动文字"的复制素材,在"效果控件"面板调整三个"滚动文字"素材"位置"参数中的垂直素材,使这三个文字素材在视频的垂直位置上均匀分布,如图10-65所示。V4轨道上的素材位于画面顶部,V3轨道上的素材位于画面中部,V2轨道上的素材位于画面底部。

06 在"效果"面板中搜索"偏移"效果,将此效果添加至V4轨道的素材中,选中此素材,打开"效果控件"面板,找到并展开"偏移"卷展栏,单击"将中心移位至"前的"切换动画"按钮◉,在此为该素材的首尾两端各添加一个关键帧。将首帧水平位置数值设为0.0,如图10-66所示;将尾帧水平数值设为1920.0,如图10-67所示。

07 右击V4轨道上的素材,在弹出的快捷菜单中选择"复制"选项;右击V3轨道上的素材,在弹出的快捷菜单中选择"粘贴属性"选项,在"粘贴属性"对话框中仅勾选"效果"复选框,如图10-68所示,此时V3轨道中的素材拥有了同样的"偏移"效果。对V2轨道上的素材进行相同的操作。

图10-64

图10-65

图10-66

图10-67

图10-68

图10-69

图10-70

08 单击选中V3轨道上的素材,打开"效果控件"面板,找到"将中心移位至"这一参数,将第一个关键帧的水平数值修改为1920.0,将第二个关键帧的数值修改为0.0,使其与其他两个文字素材移动的方向相反,如图10-69和图10-70所示。

09 最终效果如图10-71~图10-73所示,可以看到视频中的文字循环滚动。此外,用户可以尝试参照此步骤制作"警告"循环文字条,也可以制作新闻底部的循环滚动新闻,这里不再演示。

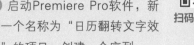

| 图10-71 | 图10-72 | 图10-73 |

10.6 实战——制作翻转日历

本节将使用Premiere Pro中的"基本3D"效果制作日历翻转文字效果。具体制作方法如下。

扫码看教学视频

01 启动Premiere Pro软件,新建一个名称为"日历翻转文字效果"的项目,创建一个序列。

02 在"基本图形"面板中新建一个名为"背景1"的矩形,将此矩形"宽"的数值设置为350.0,"高"的数值设置为100.0,"圆角"的数值设置20.0,并将其填充颜色设置为红色,如图10-74所示。

03 在"基本图形"面板中单击"新建图层"按钮▣,新建一个内容为Calender的文字素材,为文字选择一个合适的字体,并对文字的各项参数进行调整,如图10-75所示。

04 将文字放置于矩形框内,同时选中这两个素材,选择"对齐模式"为"对齐到选区",然后依次单击"水平居中对齐"按钮▣和"垂直居中对齐"按钮，使文字和矩形背景对齐，如图10-76所示。

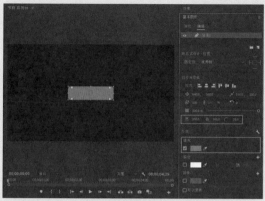

图10-74

图10-75

图10-76

⑤ 再次建立一个矩形素材，命名为"背景2"，将此矩形的"宽"的数值设置为350.0、"高"的数值设置为210.0、"圆角"的数值设置20.0，并将其填充颜色设置为淡黄色，将其移动至红色矩形背景下方，如图10-77所示。

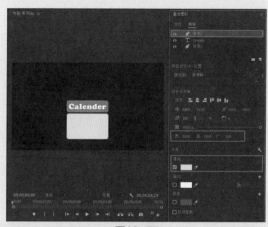

图10-77

⑥ 建立一个内容为"202301.01"的文字素材，修改其大小，使其位于"背景2"的左侧；建立一个内容为"周日"的竖排文字素材，修改其文字样式，使其位于"背景2"的右侧。同时选中这三个素材。选择"对齐模式"为"对齐到选区"，然后单击"垂直居中对齐"按钮，使它们在垂直位置居中对齐，如图10-78所示。

图10-78

⑦ 长按Alt键，将V1轨道上的素材向V2轨道复制一份，在"效果"面板中搜索"基本3D"效果，将此效果添加至V2轨道的素材上，打开"效果控件"面板，找到并展开"基本3D"卷展栏，勾选"绘制预览线框"复选框，此时"节目"监视器面板中将会出现十字线框，如图10-79所示。

⑧ 单击选中V1轨道上的素材，打开"基本图形"面板，同时选中"背景1"和Calender文字，将这两个素材向上移动至横线上方，并使它们作为组垂直居中对齐至视频帧，作为日历上部分，如图10-80所示；同时选中余下素材，将余下素材

移动至横线下方，并使它们作为组垂直居中对齐至视频帧，作为日历上部分，如图10-81所示。

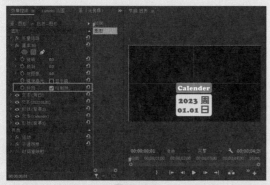

图10-79

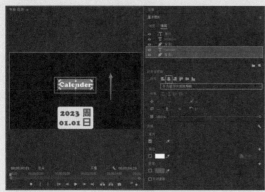

图10-80

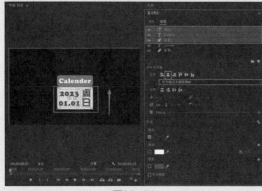

图10-81

09 删除V2轨道上的素材，在"时间轴"面板中右击V1轨道上的素材，在弹出的快捷菜单中选择"嵌套"选项，将此素材嵌套为名为"日历"的序列。

10 在"效果"面板中搜索"裁剪"效果，将此效果添加至V1轨道的素材中，打开"效果控件"面板，将"底部"数值设置为50.0%，此时"节目"监视器面板的视频画面中，日历的下半部分消失，如图10-82所示。

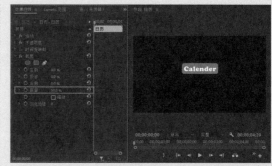

图10-82

11 将V1轨道上的素材复制至V2轨道，选中V2轨道上的素材，在"效果控件"面板中将"顶部"的数值设置为50.0%，"底部"的数值设置为0.0%，此时关闭V1轨道，可以看到日历的上半部分消失，如图10-83所示。查看完毕后记得打开V1轨道。

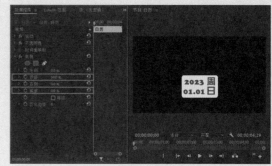

图10-83

12 将"基本3D"效果添加至V2轨道的素材中，在"效果控件"面板中找到并展开"基本3D"卷展栏，单击"倾斜"前的"切换动画"按钮，在此素材的起始端添加一个关键帧，并设置"倾斜"数值为90.0°，向右每移动十五帧就添加一个关键帧，依次设置"倾斜"数值为-60.0°、40.0°、-30.0°、25.0°和0.0°，如图10-84所示。

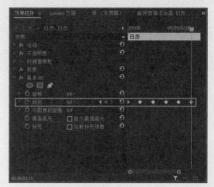

图10-84

抖音+剪映+Premiere短视频制作从新手到高手（第2版）

⑬ 最终效果如图10-85~图10-87所示，可以看到日期版翻转显示。

图10-85

图10-86

图10-87

⑭ 以带有透明通道的格式保存，还能够将其作为文字素材添加至其他视频中，效果如图10-88和图10-89所示。

图10-88

图10-89

10.7 实战——制作Vlog手写文字标题

本节主要利用关键帧和书写工具制作一个手写文字动画开场效果，下面介绍具体制作方法。

扫码看教学视频

① 启动Premiere Pro软件，新建一个名称为"手写文字动画"的项目，将背景素材"摩天轮.mp4"导入"项目"面板并拖入"时间轴"面板的V1轨道，此时会自动建立一个序列。

② 在"基本图形"面板中新建一个内容为HAVE A NICE DAY的图层，为文字选择合适的字体及颜色，将文字大小设置为200，完成后单击"垂直居中对齐"按钮██和"水平居中对齐"按钮██，使文字处于画面中心位置，如图10-90所示。

图10-90

③ 选中V2轨道中的文字素材，右击，在弹出的快捷菜单中选择"嵌套"选项，将此素材嵌套为名为"文字"的序列，在"效果"面板中搜索"书写"效果，将此效果拖动添加至V2轨道的素材上。打开"效果控件"面板，将"画笔大小"设置为26.0，"画笔硬度"设置为100%，"画笔间隔（秒）"设置为0.001。将画笔移动至第一个字母的起笔处的上方，单击"画笔位置"前的"切换动画"按钮██，在起始端添加一个关键帧，如图10-91所示。

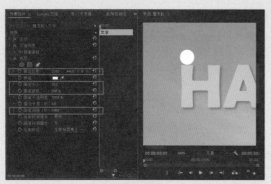

图10-91

④ 一边按→方向键移动播放指示器，一边修改"画笔位置"参数的两个数值，根据字母的轮廓移动画笔的位置，使关键帧形成的路径与手写笔画顺序保持一致，如图10-92所示，参照此方法，为所有的字母进行同样操作，完成后的效果如图10-93所示。此过程需要耐心。

图10-92

图10-93

以在调整位置后，将"绘制样式"从"在原始图像上"切换为"显示原始图像"进行查看，并在"节目"监视器面板中，对各个锚点的位置进行微调，如图10-94和图10-95所示。

图10-94

图10-95

⑤ 完成书写效果的制作后，在"效果控件"面板中将"绘制样式"设置为"显示原始图像"，在"节目"监视器窗口播放预览效果，画面中文字以手写的效果逐渐出现，如图10-96～图10-98所示。

◎提示·◦

如需修改书写速度，可以右击V2轨道上的文字素材，选择"速度/持续时间"选项，在同名对话框中对素材的速度做出修改。

图10-96

◎提示·◦

由于画笔的关键帧路径动画都是连在一起的，在调整画笔位置时，为了使效果更自然，可

抖音+剪映+Premiere短视频制作从新手到高手（第2版）

图10-97

图10-98

10.8 实战——制作Vlog待办清单

本节将运用剪映自带的文字模板，制作Vlog中常见的愿望清单标记效果，需要准备一张纯色背景图和三张其他素材图。具体制作方法如下。

扫码看教学视频

01 启动剪映APP，点击"开始创作"按钮 ，将纯色背景导入至项目，点击"画中画"按钮 ，再点击"新增画中画"按钮 ，依次将三张其他素材图导入进来，然后缩小三张素材图，放至画面左侧，并将所有素材拉长至时间刻度00:05处，如图10-99所示。

02 在一级工具栏中点击"文本"按钮 ，然后点击"文字模板"按钮 ，在"标记"分类中选择图10-100所示的模板，并将其中文字修改为"晨起喝一杯水"，并在视频画面中将文字移动至顶部图片的右侧，如图10-101所示。点击 按钮，保存设置。

03 选中文字素材，点击"复制"按钮 ，将文字模板复制一层，移动播放指示器至第1秒位置，将前面多余的部分删除，然后把文字改为

"与家人一起吃饭"，如图10-102所示。移动播放指示器至第2秒位置，再复制一层文字模板，删除前面多余的部分，将文字改为"锻炼身体"，如图10-103所示。

图10-99

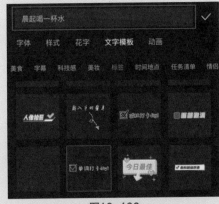

图10-100

图10-101

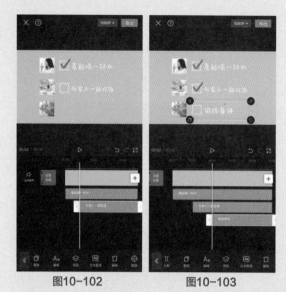

图10-102　　　　　图10-103

④ 完成后点击"导出"按钮保存至手机，最终效果如图10-104~图10-106所示。

图10-104

图10-105

图10-106

10.9 实战——制作打字机效果

本节将制作Vlog中常用的打字机效果，方法简单便捷，配合打字音效使效果更自然逼真。具体制作方法如下。

扫码看教学视频

① 启动剪映APP，点击"开始创作"按钮[+]，将背景图导入项目，在一级工具栏中点击"文本"按钮 ▲，然后在二级工具栏中点击"新建文本"按钮 ▲，输入文字"如何制作短视频"，对文字样式进行设置，将文字放置在背景图片的搜索框中，如图10-107所示。

② 点击"动画"按钮，然后点击"入场"按钮，选中"打字机Ⅰ"效果，将动画时长设置为1.5s，如图10-108所示。点击 ✔ 按钮，保存操作。

图10-107　　　　　图10-108

③ 返回一级工具栏，点击"音频"按钮 ♪，然后点击"音效"按钮 ♫，搜索"打字"音效，选择一个时长为1秒左右的打字音效，如图10-109所示，将该效果添加至视频的起始处，完成后点击"导出"按钮保存至手机。

图10-109

④ 最终效果如图10-110~图10-112所示。

| 图10-110 | 图10-111 | 图10-112 |

10.10 本章小结

　　通过本章的学习可以了解到，文字特效具有传递信息和视觉感的特点，在制作短视频时，可以将文字特效与之前学习过的片头片尾效果相结合，在片头片尾中辅以精致的文字特效，将画面的整体美感提升到一个新高度。

第11章
画面优化，让自己的作品锦上添花

画面的质感决定了观众对作品的第一印象，清晰优质的画面能让观众产生继续看下去的欲望，而低质量的画面却很难留住观众。想要提升画面质量，可以通过提高画面清晰度、增加特效、调色等多种方法来达成。

11.1 如何使上传的视频画面更清晰

视频画面的清晰度是由视频的分辨率决定的，分辨率越高视频画面就越清晰。下面以iPhone手机为例，介绍设置前期拍摄分辨率及后期提高画面清晰度的方法。

11.1.1 调整拍摄格式和分辨率

进入手机设置中的"相机"设置面板，将格式设置为"高效"，如图11-1所示。将录制视频的分辨率设置为"4K，60fps"，如图11-2所示。

◎提示·•

高分辨率及更流畅的画面会占用较多的设备内存，因此在进行此设置前，务必先确认设备内存是否足够，避免在拍摄时因空间不足造成工作中断。

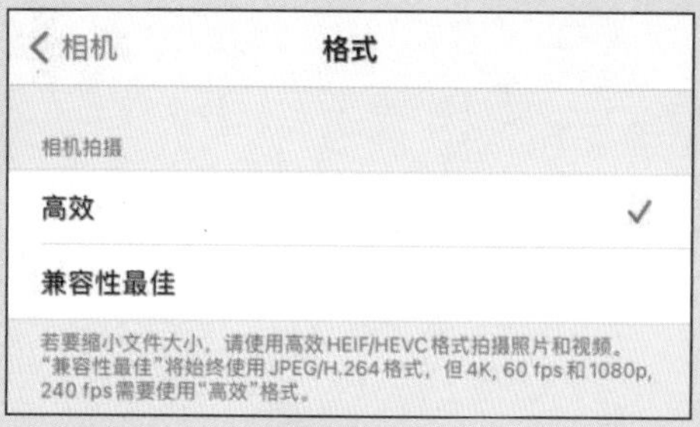

图11-1

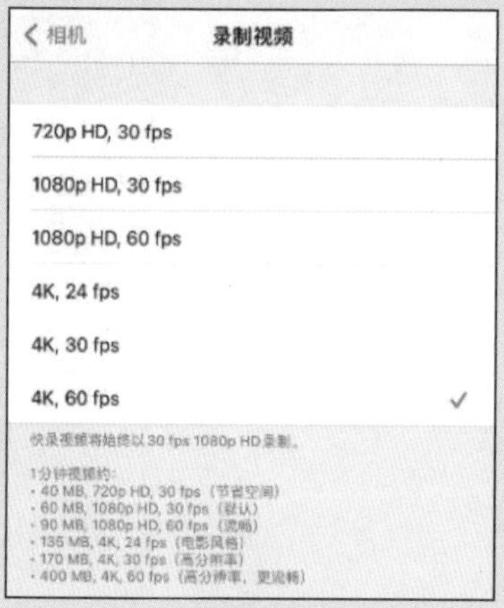

< 相机　　　　录制视频

720p HD, 30 fps

1080p HD, 30 fps

1080p HD, 60 fps

4K, 24 fps

4K, 30 fps

4K, 60 fps　　　　✓

快录慢继续始始终以 30 fps 1080p HD 录制。

1分钟视频约:
· 40 MB, 720p HD, 30 fps (节省空间)
· 60 MB, 1080p HD, 30 fps (默认)
· 90 MB, 1080p HD, 60 fps (流畅)
· 135 MB, 4K, 24 fps (电影风格)
· 170 MB, 4K, 30 fps (高分辨率)
· 400 MB, 4K, 60 fps (高分辨率，更流畅)

图11-2

11.1.2 调节锐化数值

将素材导入剪映APP，点击工具栏中的"调节"按钮，在浮窗中将"锐化"参数的数值调为100，如图11-3所示。画面前后对比如图11-4和图11-5所示，对"锐化"数值进行调节后，纹理显得更加突出。

图11-3

图11-4

图11-5

11.1.3 掌握项目的导出设置

导出前，建议在设备空间及拍摄要求达标的前提下，将"分辨率"设置为2K/4K，将"帧率"设置为60，如图11-6所示。

图11-6

11.2 校色与调色

在进行视频剪辑时，剪辑师需要对素材的颜色进行调节，也就是调色。调色一般分为一级校色和二级调色两个步骤，下面分别对这两个步骤进行说明。

11.2.1 一级校色

在一级校色阶段，剪辑师需要将Log模式下的灰片还原、修正前期拍摄遗留下来的瑕疵，校正画面的曝光度、使偏暖或偏冷的色调回归正常。除此之外，还需要使所有片段颜色趋向统一、互相匹配，使场景转换更流畅，为观众提供更舒适的观影效果。

1.使用LUT进行校色

如果素材是Log模式下拍摄的灰片，那么可以使用相应拍摄设备的LUT对灰片进行校色。Premiere Pro为用户提供了部分设备的LUT，在"Lumetri颜色"面板的"基本校正"卷展栏中即可找到并使用，如图11-7所示。使用LUT之后的效果对比如图11-8所示，可以看到灰片中的颜色得到了还原。

图11-7

图11-8

如果Premiere Pro中没有相应的LUT文件，可以在拍摄设备所属品牌的官方网站下载LUT文件，然后将文件导入Premiere Pro使用。

> **提示**
>
> LUT是Look Up Table（颜色查找表）的缩写。通过LUT，可以将一组RGB值输出为另一组RGB值，从而改变画面的曝光与色彩。

2.调节参数，手动校色

如果不知道素材的拍摄设备，或者找不到相应的LUT文件，那么，还可以通过调节各个颜色参数实现校色。在Premiere Pro中打开"lumetri颜色"面板，打开"基本校正"卷展栏，即可调节各项参数，如图11-9所示。

长时间观看同一个画面容易产生视觉疲劳，很难发现一些细节问题，因此在进行调色时，除了视觉观察效果外，还需要借助直方图、波形图等工具对画面色彩进行量化分析，在Premiere Pro的"lumetri范围"面板中即可查看，如图11-10所示，其中左上方为波形图、右上方为矢量示波器、左下方为直方图、右下方为分量图。

图11-9

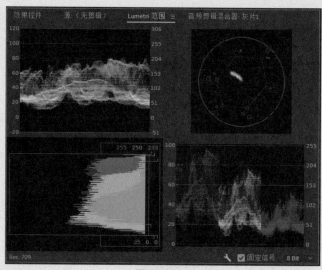

图11-10

⊙提示·◦

打开"lumetri范围"面板后，右击，即可在弹出的快捷菜单中选择需要使用的工具，如图11-11所示。

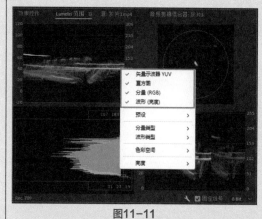

图11-11

在进行校色时，首先需要对画面的明暗关系进行调节。在Premiere Pro中，打开"Lumetri范围"面板，保留波形图；打开"Lumetri颜色"面板，展开"基本校正"卷展栏，对其中"灯光"设置中的各项参数进行调节，如图11-12所示。

调节"阴影"和"黑色"两个参数的数值，可以调整画面暗部区域，而调节"高光"和"白色"两个参数的数值，可以调整画面的亮部区域。明暗关系较为明显的画面，其波形图的显示范围通常在10～90，因此可以一边调节参数数值，一边观察波形图的变化。调节完毕后，各个面板显示如图11-13所示。

在"Lumetri范围"面板中调出分量图，可以看到红、绿、蓝三种颜色通道，如果这三个通道的颜色分布差别过大，说明画面存在偏色的情况，此时可以通过调节"色温""色调"等参数对偏色进行校正，并适当增加"饱和度"数值，使画面颜色更加明显，如图11-14所示。

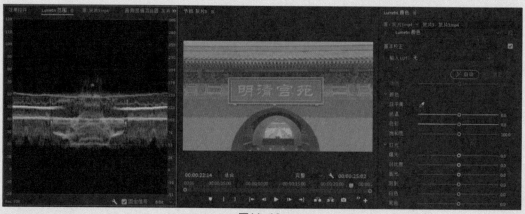

图11-12

图11-13

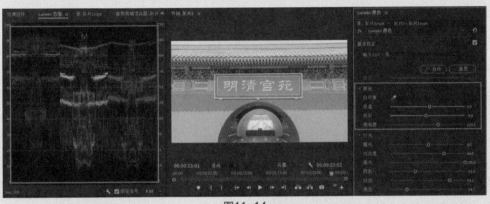

图11-14

完成后的画面对比如图11-15所示。

图11-15

11.2.2 二级调色

在二级调色阶段,剪辑师会根据画面的情绪需求、整个视频的视觉表现,对画面颜色的细节进行处理,表现独特的美学风格。

在进行二级调色时,通常会使用曲线工具。Premiere Pro中的曲线分为"RGB曲线"和"色相饱和度曲线"。

1. RGB曲线

在完成校色后,打开"RGB曲线"设置,可以看到四个按钮和一个调节曲线,单击相应的按钮,

在明度、红色通道、绿色通道、蓝色通道四个调节曲线之间进行切换,如图11-16～图11-19所示。

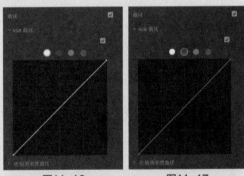

图11-16　　　　　图11-17

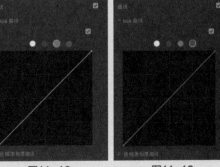

图11-18　　　　　图11-19

211

调节曲线一般为一条倾斜的直线，单击可在这条线上添加锚点，移动锚点即可使画面产生变化。以白色的明度曲线为例，将锚点向上移动，画面变亮，如图11-20所示；向下移动，画面变暗，如图11-21所示。

图11-20

图11-21

以红色通道的曲线为例，将锚点向上移动，画面颜色偏向红色，如图11-22所示；向下移动，画面颜色将偏向红色的补色——青色，如图11-23所示。

与上述操作相同，调节绿色通道的曲线时，向上移动曲线上的锚点，画面偏绿；向下移动，会使画面颜色偏向其补色——品红色。调节蓝色通道的曲线时，向上移动曲线上的锚点，画面偏蓝；而向下移动，则会使画面颜色偏向其补色——黄色。

图11-22

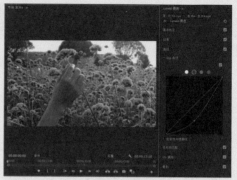

图11-23

在曲线上添加多个锚点，可以对调色的范围进行限定，从而对限定范围的颜色进行调节。曲线的横坐标从左至右显示的是亮度信息、从暗到亮、从黑到白，通过辅助线，可以将曲线分为几个区域，从左至右分别为黑色、阴影、中灰、高光和白色，如图11-24所示。

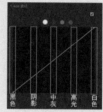

图11-24

在调节时，可以在辅助线的交叉点上添加锚点，然后再移动锚点，对相应的部分进行调色。以红色通道的曲线为例，在添加完锚点之后，向上移动高光区域的锚点，可以看到高光部分（画面右上角较为明显）偏红色，暗部则没有太大变化，如图11-25所示，这样就强化了阳光照射的感觉。

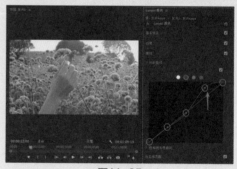

图11-25

另外几条曲线的调节方式与上述操作相同，可以多进行尝试，加深理解。

◎提示·◎

双击曲线，即可删除所有锚点。

2.色相饱和度曲线

在"色相饱和度曲线"中，一共有五个可调节的曲线，其中较为常用的是"色相与饱和度"曲线、"色相与色相"曲线以及"色相与亮度"曲线，下面分别对它们的使用方法进行说明。

找到"色相与饱和度"曲线，可以看到一条平直的彩色线条，如图11-26所示。单击曲线上的任意一点，即可在此线条上添加锚点，长按锚点，可以看到垂直方向出现一条从鲜艳到灰白的直线，如图11-27所示。这表明，对于这条曲线而言，横轴表示色相，纵轴表示饱和度。在横轴上确定需要调节的颜色，上下拉动锚点，即可调节锚点所对应的颜色的饱和度。

如果曲线上只有一个锚点，上下移动时，将会整体改变画面的饱和度。确定某个颜色，不仅需要在此颜色的位置添加一个锚点，还需要在锚点左右两侧分别添加一个锚点以限定范围，如图11-28所示。单击"吸管"按钮 ，还能使用吸管工具在画面中直接吸取颜色。

图11-26　　　　　　　　　图11-27　　　　　　　　　图11-28

选定一个颜色后，就能改变这个颜色的饱和度。这里将画面整体饱和度降到最低，然后选中红色，将其饱和度拉高，可以看到很明显的差距，如图11-29所示。

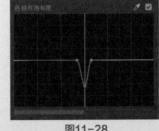

图11-31

在"色相与色相"曲线中，横轴表示色相，纵轴则代表颜色的亮度，如图11-32所示。这就意味着，在此曲线中确定一个颜色后，可以改变此颜色的亮度，如图11-33所示，选中红色后拖动锚点，画面中的红色区域的亮度就发生了改变。

以上就是Premiere Pro中常用的调色工具，可以使用它们对局部颜色进行修改，以获得风格化的调色效果。

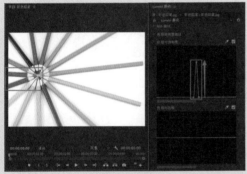

图11-29

在"色相与色相"曲线中，横轴表示色相，纵轴也表示色相，如图11-30所示。这就意味着，在此曲线中确定一个颜色后，可以改变此颜色的色相，如图11-31所示，选中红色后拖动锚点，画面中的红色区域的颜色发生了改变。

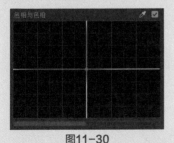

图11-30　　　　　　　　　　　　　　图11-32

第11章　画面优化，让自己的作品锦上添花

213

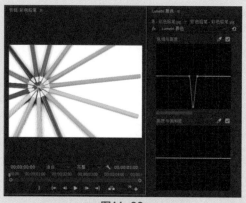

图11-33

11.3 实战——对人物面部进行遮挡处理

本节将运用马赛克效果和蒙版路径自动跟踪功能，制作人物面部马赛克跟随效果。具体制作方法如下。

扫码看教学视频

01 启动Premiere Pro软件，新建一个名称为"跟踪马赛克"的项目，将"人物.mp4"素材导入"项目"面板并拖入"时间轴"面板，此时会自动建立一个序列。在"效果"面板搜索框内输入"马赛克"，将对应效果拖动添加到素材上。

02 在"效果控件"面板中单击"马赛克"卷展栏中的"创建椭圆形蒙版"按钮 ，在人物面部绘制一个椭圆形蒙版，如图11-34所示。

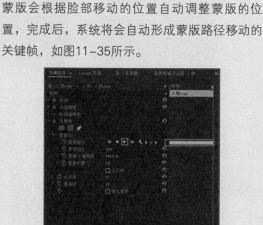

图11-34

03 单击"蒙版路径"右侧的"向前跟踪所选蒙版"按钮 后，弹出"正在跟踪"对话框，此时蒙版会根据脸部移动的位置自动调整蒙版的位置，完成后，系统将会自动形成蒙版路径移动的关键帧，如图11-35所示。

图11-35

04 跟踪完成后预览效果，可以看到画面中的马赛克自动跟随着人物面部移动而移动，如图11-36～图11-38所示。

图11-36

图11-37

图11-38

11.4 实战——去除视频画面中的水印

本节将运用"中间值"的原理来消除画面中的文字水印，具体操作方法如下。

01 启动Premiere Pro软件，新建一个名称为"去水印"的项目，将"水印.mp4"素材导入"项目"面板，并将其添加至"时间轴"面板，此时会自动建立一个序列。

02 在"效果"面板的搜索框内输入"中间值"，将对应效果拖动添加至"水印.mp4"素材中。打开"效果控件"面板，单击"中间值"卷展栏中的"创建椭圆形蒙版"按钮◯，然后在"节目"监视器面板中调节蒙版的大小和位置，使其框选左上角的水印部分，如图11-39所示。

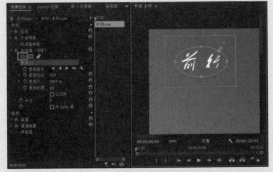

图11-39

03 将"半径"的数值设置为50，此时在画面中可以看到水印已经消失，如图11-40所示。

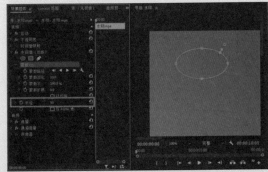

图11-40

⊙提示•◦

中间值去水印的原理是通过搜索选区半径范围内亮度相近的像素，来替换周围像素差异太大的像素，达到去除水印的效果。

11.5 实战——使用蒙版消除多余人物

本节将使用蒙版工具来消除视频画面中多余的人物，对所使用的素材有一定的要求，对于使用固定镜头拍摄的视频来说，效果最佳。具体操作方法如下。

01 启动Premiere Pro软件，新建一个名称为"消除多余人物"的项目，将"人物.mp4"素材导入"项目"面板，并将此素材拖入"时间轴"面板，此时会自动建立一个序列。

02 长按Alt键，将V1轨道上的素材向上拖动复制到V2轨道，将两个轨道上的素材进行分割，保留V1轨道素材的后五秒部分、V2轨道素材的前五秒部分，然后使两段素材的起始端都位于时间刻度00:00:00:00处，如图11-41所示。

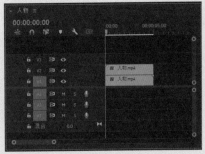

图11-41

03 单击选中V2轨道上的素材，打开"效果控件"面板，单击"不透明度"卷展栏中的"创建4点多边形"按钮▢，在"节目"监视器面板中调整蒙版的位置和形状，使其选中画面中的人物，此时V1轨道上的部分素材也显示出来，如图11-42所示。

图11-42

04 勾选"已反转"复选框，此时画面中的人物全部消失。单击"蒙版路径"前的"切换动画"按钮◯，在素材起始端添加一个关键帧，如图11-43所示。

05 向右移动播放指示器，当人物出现在画面中时，移动和调整蒙版的位置，使画面中始终没有人物出现，如图11-44所示，效果完成。

图11-43

图11-44

11.6 实战——保留画面局部色彩

本节将运用HSL辅助和蒙版工具，将画面中红色以外的颜色去除，达到只保留单色的目的。具体制作方法如下。

扫码看教学视频

01 启动Premiere Pro软件，新建一个名称为"保留单色"的项目，将"行人.mp4"素材导入"项目"面板并拖入"时间轴"面板，使系统自动建立一个序列，"行人.mp4"素材位于V1轨道中。

02 在"Lumetri颜色"面板中展开"HSL辅助"卷展栏，打开"键"设置，单击"吸管"按钮 ，吸取画面中人物身上的红色衣服，如图11-45所示。

03 勾选"彩色/灰色"复选框，一边移动调整S（饱和度）和L（亮度）栏的滑块，一边观察画面的变化，直至画面中只剩下红色部分，然后打开"优化"设置，将"降噪"数值设置为3.0，"模糊"数值设置2.0，如图11-46所示。

04 打开"更正"设置，将"饱和度"调整为0.0，然

后取消勾选"彩色/灰色"复选框，并单击"彩色/灰色"右侧的 按钮，此时画面中除了红色部分全部变成了黑白，如图11-47所示。

图11-45

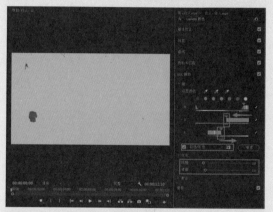

图11-46

图11-47

05 将V1轨道上的素材复制一层至V2轨道，单击选中V2轨道上的素材，在"HSL辅助"卷展栏的"键"设置中，将滑块全部向中间移动至数值为0，此时画面全部变成黑白色调，如图11-48所示。

06 选中V2轨道素材，在"效果控件"面板中，单击"不透明度"卷展栏中的"创建4点多边形

蒙版"按钮■，然后在画面中围绕人物的红色衣服绘制一个矩形蒙版，并勾选"已反转"复选框，如图11-49所示，此时画面中只有红色衣服是彩色的。

图11-48

图11-49

⑰ 单击"蒙版路径"前的"切换动画"按钮◎，在视频的起始处添加一个关键帧，然后一边移动播放指示器一边调整蒙版的位置，完成后的效果如图11-50~图11-52所示。

图11-50

图11-51

图11-52

◎提示•◎

　　HSL代表的是一个色彩空间，H是色相，S是饱和度，L是亮度。色相是色彩的基本属性，即所有颜色名称的统称，例如蓝色、红色等。饱和度是色彩的浓度，色彩浓度越高，颜色越深，浓度越低，颜色越浅。亮度是色彩的明暗程度，亮度越高，色彩越白，亮度越低，色彩越黑。

11.7 实战——赛博朋克风格调色

　　本节主要通过调节"Lumetri颜色"面板中的各项参数，对画面进行调色处理，制作赛博朋克风格的画面效果。具体操作方法如下。

扫码看教学视频

⑪ 启动Premiere Pro软件，新建一个名称为"赛博朋克风格调色"的项目，将"城市灯光.mp4"素材导入"项目"面板，并将其拖入"时间轴"面板，此时会自动建立一个序列。将V1轨道上的素材复制一份至V2轨道，如图11-53所示。

图11-53

⑫ 在"项目"面板中新建一个调整图层，将调整图层添加至V3轨道，单击选中调整图层，打开"Lumetri颜色"面板，打开"基本校正"卷展栏，观察"节目"监视器面板中的画面，将"色温"的数值设置为-40.0，将"色彩"的数值设置为50.0，使画面中的蓝色和品红色更加突出；将"曝光"的数值调为2.0，提高画面亮度，如图11-54所示。

⑬ 展开"曲线"卷展栏，打开"色相饱和度曲线"设置，在"色相与色相"一栏中为每个颜色都添加一个锚点，如图11-55所示。

第11章　画面优化，让自己的作品锦上添花

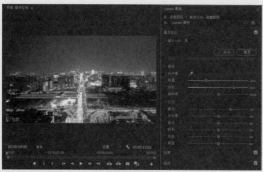

图11-54

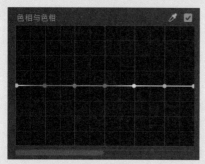

图11-55

04 在垂直方向调整锚点的位置，使冷色偏向蓝色、暖色偏向品红色，效果如图11-56所示。

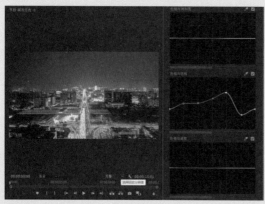

图11-56

05 在"效果"面板中搜索"裁剪"效果，将此效果添加至V3轨道素材中，选中V3轨道上的素材，打开"效果控件"面板，单击"右侧"前的"切换动画"按钮 ，在素材起始端、时间刻度00:00:03:00处、时间刻度00:00:04:00处以及时间刻度00:00:07:00处分别添加一个关键帧，如图11-57所示，此时"右侧"这一参数一共有四个关键帧。

06 将第一个关键帧处"右侧"的数值调整为100.0%，第二、三个关键帧处"右侧"的数值

均调整为50.0%，如图11-58示。此时关键帧动画显示从左向右出现。

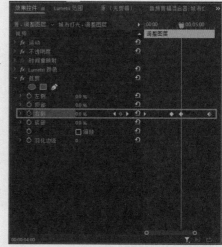

图11-57

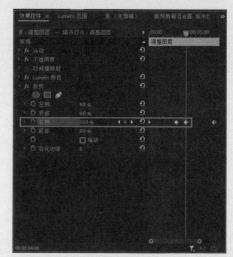

图11-58

07 在"时间轴"面板中同时选中V2和V3轨道上的素材，右击，在弹出的快捷菜单中选择"嵌套"选项，将这两个素材嵌套为一个名为"调色"的嵌套序列，如图11-59所示。

图11-59

08 最终效果如图11-60～图11-62所示，可以看到调色前的调色后的画面对比。

图11-60　　　　　　　　图11-61　　　　　　　　图11-62

11.8 实战——夏日小清新风Vlog调色

　　本节主要介绍如何在剪映APP中对画面进行调色，制作一则夏日小清新风Vlog调色风格。具体操作方法如下。

扫码看教学视频

01 启动剪映APP，点击"开始创作"按钮[+]，进入视频编辑界面，导入一段视频素材。

02 选中导入的视频素材，点击底部工具栏中的"复制"按钮◻，将素材复制一份。选中复制素材，点击"切画中画"按钮✕，将复制素材切换至画中画轨道，并使其与主视频轨道上的原始素材对齐，如图11-63所示。

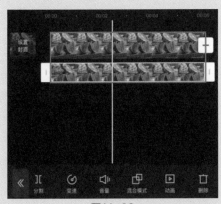

图11-63

03 选中画中画轨道中的素材，点击底部工具栏中的"调节"按钮⚙，调出"调节"浮窗。观察画面，发现画面亮度过暗。点击"亮度"按钮☀，将数值调为20；点击"光感"按钮⚙，将数值调为20；点击"高光"按钮◐，将数值调为25，如图11-64所示，可以看到画面变亮。

04 点击"对比度"按钮◑，将数值调为15；点击"饱和度"按钮◔，将数值调为20；点击"色温"按钮◍，将数值调为-10；点击"色调"◉按钮，将数值调为-23，如图11-65所示，可以看到画面变得更透亮。点击✓按钮，保存操作。

图11-64　　　　　　图11-65

05 点击"蒙版"按钮◉，在浮窗中选择"线性"蒙版，如图11-66所示。点击✓按钮，保存操作。

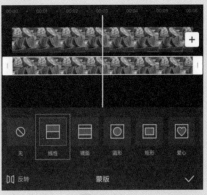

图11-66

06 将播放指示器移动至时间刻度00:02处，点击"添加关键帧"按钮◈，在此添加一个关键帧；使用同样的方法，在时间刻度00:03处也添加一个关键帧，如图11-67所示。

第11章　画面优化，让自己的作品锦上添花

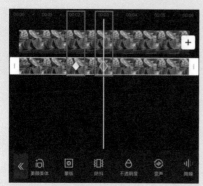

图11-67

07 再次点击"蒙版"按钮◎，将播放指示器移动至素材起始端，在视频画面中将蒙版向上移动至画面顶端，如图11-68所示。此时系统会自动在当前位置添加一个关键帧。

08 将播放指示器移动至素材末端，在视频画面中将蒙版向下移动至画面底端，如图11-69所示。

此时系统会自动在当前位置添加一个关键帧。

09 最终效果如图11-70~图11-72所示，可以看到画面调色前后的效果对比。

图11-68　　　　图11-69

图11-70

图11-71

图11-72

11.9 实战——制作蒸汽波老电视效果

本节主要利用Color Balance（色彩平衡）功能制作RGB分离效果，再运用波形变形和杂色等效果为画面营造复古旧电视风格，具体操作方法如下。

扫码看教学视频

01 启动Premiere Pro软件，新建一个名称为"蒸汽波效果"的项目，将"人物.mp4""故障线条.mp4"和"录像框.mp4"素材导入"项目"面板，并将"人物.mp4"素材添加至"时间轴"面板，此时会自动建立一个序列，此素材位于V1轨道中。

02 将V1轨道上的素材复制到V2、V3轨道，在"效果"面板中搜索Color Balance（部分版本翻译为"颜色平衡"），将此效果添加至V2和V3轨道的素材上。

03 选中V2轨道上的素材，在"效果控件"面板中将"位置"参数的水平数值设置为945.0，将"不透明度"的数值设置为60.0%，将"混合模式"设置为"滤色"。在Color Balanc卷展栏中，将Red的数值设置为0，保留Green和Blue的数值为默认值，如图11-73所示。

04 选中V3轨道素材，将"混合模式"设置为"滤色"，将Green和Blue的数值均设置为0，保留Red的数值为默认值，如图11-74所示，完成后的效果如图11-75所示。

05 在"效果"栏内分别搜索"杂色"和"彩色浮雕"效果，将这两个效果添加至V1轨道的素材中。单击选中V1轨道上的素材，在"效果控件"面板中将"杂色"卷展栏中的"杂色数量"的数值设置为20.0%，将"彩色浮雕"卷展栏中"起伏"的数值设置为4.80，此时可以看到画面呈现颗粒和浮雕质感，模仿了老电视中的噪点，如图11-76所示。

06 将"故障线条.mp4"素材拖入"时间轴"面板

的V4轨道中，右击此素材，在弹出的快捷菜单中
选择"设为帧大小"选项，素材会放大至与其他素
材大小一致。在"效果控件"面板中，将此素材的
"混合模式"设置为"差值"，此时画面中会出现
黑色线条故障效果，如图11-77所示。

图11-76

图11-73

图11-77

07 在"项目"面板中单击"新建项"按钮，
创建一个调整图层，将此素材拖入V5轨道。在
"效果"面板中搜索"波形变形"，将此效果添
加至调整图层中，在"效果控件"面板中将"波
形类型"设置为"锯齿"，"波形高度"数值
设置为15，"波形宽度"数值设置为300，"方
向"设置为0.0°，此时画面会出现与旧电视波
纹流动相似的效果，如图11-78所示。

图11-74

图11-78

08 将"录像框.mp4"素材添加至V6轨道，将其
设为帧大小。选中此素材，在"效果控件"面板
中，将其"混合模式"设置为"滤色"。完成后
的画面效果如图11-79和图11-80所示。

图11-75

图11-79

图11-80

11.10 实战——制作多屏拼贴效果

本节主要利用蒙版和嵌套功能制作多屏拼贴效果。具体操作方法如下。

扫码看教学视频

01 启动Premiere Pro软件，新建一个名称为"多屏拼贴效果"的项目，将"旋转.mp4""舞蹈1.mp4""舞蹈2.mp4""舞蹈3.mp4""舞蹈4.mp4""左上边框.png""左下边框.png""右上边框.png""右下边框.png"等素材导入"项目"面板，将"旋转.mp4"素材拖入"时间轴"面板，此时会自动建立一个序列，此素材位于V1轨道中。

02 将播放指示器移动至时间刻度00:00:02:00处，将"舞蹈3.mp4"素材添加至V2轨道，将"左上边框.png"素材添加至V3轨道，使这两个素材的起始端位于播放指示器所处位置，如图11-81所示。

图11-81

03 单击选中V2轨道上的"舞蹈3.mp4"素材，在"效果控件"面板中，将"缩放"的数值设置为70.0，并将此素材移动至视频画面的左上角，使其中的主体人物在视觉上位于"左上边框.png"素材中，如图11-82所示。

图11-82

04 单击"不透明度"卷展栏中的"自由绘制贝塞尔曲线"按钮，沿着边框绘制一个闭合蒙版路径，如图11-83所示，此时"舞蹈3.mp4"素材被嵌入"左上边框.png"素材中。

图11-83

05 同时选中V2和V3轨道上的素材，右击，在弹出的快捷菜单中选择"嵌套"选项，将这两个素材嵌套为名为"左上"的序列，如图11-84所示，此时V2轨道上出现"左上"嵌套序列。

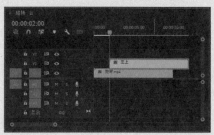

图11-84

06 长按Shift键，连按五次→方向键，使播放指示器向右移动二十五帧，将"舞蹈2.mp4"素材添加至V3轨道,将"右上边框.png"素材添加至V4轨道,使这两个素材的起始端位于播放指示器所处位置,如图11-85所示。

图11-85

07 单击选中V2轨道上的"舞蹈2.mp4"素材,在"效果控件"面板中,将"缩放"的数值设置为80.0,并将此素材移动至视频画面的右上角,使其中的主体人物在视觉上位于"右上边框.png"素材中,如图11-86所示。

图11-86

08 单击"不透明度"卷展栏中的"自由绘制贝塞尔曲线"按钮,沿着边框绘制一个闭合蒙版路径,如图11-87所示,此时"舞蹈2.mp4"素材被嵌入"右上边框.png"素材中。

图11-87

09 同时选中V3和V4轨道上的素材,右击,在弹出的快捷菜单中选择"嵌套"选项,将这两个素材嵌套为名为"右上"的序列,如图11-88所示,此时V2轨道上出现"右上"嵌套序列。

图11-88

10 按照步骤6至步骤9所展示的方式进行操作,将"舞蹈1.mp4"和"左下边框.png"嵌套为名为"左下"的序列;将"舞蹈4.mp4"和"右下边框.png"嵌套为名为"右下"的序列。操作完毕后,"时间轴"面板如图11-89所示。

图11-89

11 在"效果"面板中搜索"变换"效果,将此效果分别添加至V2、V3、V4、V5轨道的素材中。

12 将播放指示器移动至V2轨道素材起始端,选中V2轨道上的素材,在"效果控件"面板中找到并打开"变换"卷展栏,单击"位置"前的"切换动画"按钮,在素材起始端添加一个关键帧,然后向后移动播放指示器十五帧,并在此添加一个关键帧,如图11-90所示。

图11-90

⑬ 单击"转到上一关键帧"按钮◀，使播放指示器跳转至第一个关键帧，调整"位置"参数的数值，使素材位于画面之外的左上方，如图11-91所示。

图11-91

⑭ 同时选中两个关键帧，右击，在弹出的快捷菜单中依次选择"临时差值"|"缓入"和"临时差值"|"缓出"选项，展开"位置"参数，将右侧手柄向左拉至极限。取消勾选"使用合成的快门角度"复选框，将"快门角度"的数值调为180.00，

如图11-92所示。此时视频画面中，V2轨道上的素材从左上方进入画面，如图11-93和图11-94所示。

⑮ 按照步骤12至步骤14所展示的方式进行操作，使V3轨道上的素材从右上方进入画面，使V4轨道上的素材从左下方进入画面，使V5轨道上的素材从右下方进入画面，如图11-95～图11-97所示。

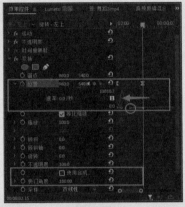

图11-92

图11-93　　　　　　　　图11-94

图11-95　　　　　　图11-96　　　　　　图11-97

⑯ 将V2、V3、V4轨道上的素材中多余的部分删除，使它们末端与V1轨道上的素材对齐，即可导出视频。

11.11 实战——制作梦幻回忆效果

　　本节将运用蒙版功能在Premiere Pro中制作梦幻回忆画面效果。具体制作方法如下。

⑪ 启动Premiere Pro软件，新建一个名称为"梦幻回忆效果"

扫码看教学视频

的项目，将"回忆天空.mp4""看书.mp4"和"走廊.mp4"这三个视频素材导入"项目"面板，并将"回忆天空.mp4"素材添加至"时间轴"面板，此时会自动建立一个序列，此素材位于V1轨道中。

⑫ 将"看书.mp4"和"走廊.mp4"素材分别添加至V2和V3轨道，单击选中V3轨道上的"走廊.mp4"素材，打开"效果控件"面板，将"缩放"的数值调整为60.0，并将此素材移动至画面的右上角，如图11-98所示。

⑬ 单击选中V2轨道上的"看书.mp4"素材，在"效果控件"面板中将"缩放"的数值调

整为60.0，并将此素材移动至画面左上角，如
图11-99所示。

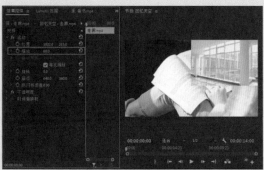

图11-98

图11-99

04 在"效果控件"面板中单击"不透明度"卷
展栏中的"创建椭圆形蒙版"按钮 ◯，将"蒙版
羽化"的数值设置为80.0，在"节目"监视器面
板中调整蒙版的位置和形状，使蒙版中显示出V2
素材的画面，如图11-100所示。

图11-100

05 单击"不透明度"参数前的"切换动画"按钮
◯，在素材起始处和时间刻度00:00:02:00处分别
添加一个关键帧，并将第一个关键帧处的"不透明
度"数值设置为0.0%，如图11-101所示。同时选
中这两个关键帧，右击，在弹出的快捷菜单中依次
选择"缓入""缓出"选项，使效果更自然。

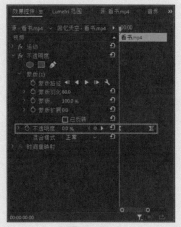

图11-101

06 在"时间轴"面板右击V2轨道上的素材，在
弹出的快捷菜单中选择"复制"选项，然后右击
V3轨道上的素材，在弹出的快捷菜单中选择"粘
贴属性"选项，在"粘贴属性"对话框中勾选
"不透明度"复选框，如图11-102所示，使V3
轨道的素材也获得相同的蒙版效果。

图11-102

07 单击选中V3轨道上的素材，在"效果控件"面
板中单击"蒙版路径"文字，在"节目"监视器面
板中对蒙版的位置稍作调整，如图11-103所示。

图11-103

08 最终效果如图11-104～图11-106所示，可
以看到天空中逐渐浮现往日回忆。

图11-104

图11-105

图11-106

11.12 本章小结

本章带领读者了解并学习了优化视频画面的不同方法，不管选用何种优化方式，最终目的都是为了提升画面质感。合理使用画面特效，可以将作品的主题及中心内容更真实、清晰地传递给观众。

第12章
视频发布，将内容分享到更多的平台

随着自媒体的普及，创作者和用户这两个群体数量越来越庞大，短视频在注重内容的同时，还需要思考怎样才能将作品更广泛地传播出去。短视频的发布平台有很多，创作者不应只专注于一个平台进行投入，这样会造成账号风险高且收益少。作品的发布除了要选对平台，发布频次、发布时间和更新要求上也有许多技巧，本章将介绍一些当下热门的短视频发布平台及内容发布技巧。

12.1 将视频发布到抖音

毫无疑问，抖音是当下最热门的短视频平台，其标志如图12-1所示。抖音拥有巨大的流量池，吸引了非常多的内容创作者。无数创作者通过抖音发布自己的作品，每天都有海量新内容被推送到抖音用户的眼前，虽然抖音平台对创作者有一定的扶持，但如何从海量作品中脱颖而出，获取到最大限度的曝光，仍然是创作者需要重点探究的问题。

图12-1

12.1.1 抖音审核机制

抖音平台包含机器审核和人工审核双重审核机制。其中，机器审核是通过提前设置好的人工智能模型来识别视频画面和关键词，这一环节主要是审核作品和文案中是否存在违规内容，经审核后，如疑似存在问题，视频就会被系统拦截。

人工审核主要集中在视频标题、视频封面和视频关键词这三项上，被机器判定疑似存在违规行为的作品，经由人工审核（复审）后确定违规，将会受到降低流量推荐、删除、封禁或降权至仅粉丝可见，仅自己可见等处罚。

因此，在发布，甚至是制作作品前，首先需要熟悉平台规则，阅读平台的规定，以免作品不能顺利发布。启动抖音APP，将界面切换至"我"，进入个人主页，点击右上角的按钮，找到并点击"抖音创作者中心"按钮，如图12-2所示。在"创作者中心"中点击"规则中心"按钮，即可查看抖音的各项规则，如图12-3和图12-4所示。

图12-2

图12-3

图12-4

12.1.2 抖音推荐算法

通过审核之后，视频将进入第一个流量池，此时流量池中的在线用户量为200～300个。这也就意味着，视频一经发布，至少有200个用户能够看到这个视频。

经过初始流量值曝光后，抖音将会对视频表现进行评估，如果一个视频的播放数据量高，那么此视频将会进入下一个用户数更多的流量池，进一步增加曝光量，如果数据不佳，系统将会减少对该视频的推荐。以此类推，视频的播放数据越高，获得推广的机会就越大，曝光量就越高。视频的数据则受完播率、点赞量、评论数、转发数以及用户的关注数影响，提高这几项数据，有助于视频进入更大的流量池，获得更多曝光机会，如图12-5所示。

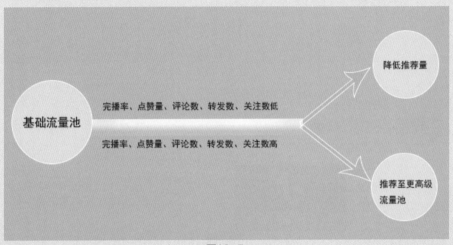

图12-5

此外，抖音还会重新挖掘数据库里的优质内容，将一些内容优秀但数据平平的视频再做推荐，增加这些视频被"引爆"的可能。

12.1.3 如何提高账号权重

抖音会根据账号的权重来进行流量分配，所以创作者除了要把控账号内容的质量，还应当对账户名、头像、昵称、简介等个人信息进行完善。

1.完善个人信息

首先，账号应当定位准确，风格明显，账号名要与账号整体风格相匹配，个人简介要清楚描述账号的定位，并配以简短且有吸引力的文案来引导用户关注，背景的设置要与账号整体风格相呼应，同时加以文字或箭头等标识引导关注。将每一个可以自定义的板块利用好，目的只有一个：吸引用户。

2.抖音认证号

拼音认证号即平台对用户真实身份的确认，用户在完成实名认证后，方能开通直播，对收益进行提现等。启动抖音APP，将界面切换至"我"，进入个人主页，点击右上角的按钮，找到并点击"设置"选项。在"设置"界面中点击"账号与

安全"按钮，如图12-6所示。在"账号与安全"界面找到"实名认证"选项，点击即可进入"实名认证"界面进行实名认证，如图12-7和图12-8所示。

此外，还可以进行官方认证。抖音官方认证的选项包含个人认证、企业认证和机构认证三种，用户可以依照相关提示选择不同形式进行认证。在"账号与安全"界面点击"申请官方认证"按钮即可进入"抖音官方认证"界面，如图12-9和图12-10所示。完成身份认证可以为作品争取更多的流量推荐。

图12-6

图12-7

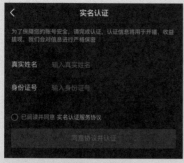

图12-8

图12-9

图12-10

12.2 将视频发布到朋友圈

　　根据资料显示，截至2022年6月，微信月活跃用户已达12.99亿。观察周围的情况会发现，尽管大部分短视频用户将作品发布到朋友圈的意愿在降低，但从大数据来看，多年来，微信活跃用户一直呈上升状态，这意味着关注朋友圈动态的人仍在增多，微信朋友圈仍然是一块不可轻易放弃的流量宝地。

　　相对于其他社交平台，微信朋友圈是一个较为封闭的环境，但是作为熟人之间的社交广场，用户对于朋友圈内信息的防备心要比其他平台低。因此，用户将有趣、有创意的作品发布至朋友圈，通过好友之间的分享来达到传播的目的。在此传播过程中，可以通过抽奖、赠送礼品等方式引导用户转发作品或关注其他平台的账号，从而达到涨粉、引流的目的。

　　下面介绍如何将视频发布到朋友圈。

　　进入微信主界面，点击底部的"发现"按钮◎，进入对应界面后，可以看到"朋友圈"的入口，如图12-11所示。点击进入"朋友圈"，点击右上角的

"拍摄"按钮◎，如图12-12所示，选择相册中的视频内容上传至朋友圈即可。

图12-11　　　　　　　　图12-12

◎提示·◎

　　长按"拍摄"按钮◎，发送纯文字朋友圈，如图12-13所示。点击"拍摄"按钮◎，即可将图片或视频素材上传并发送至朋友圈，如图12-14所示。

图12-13　　　　　　　　图12-14

12.3 将视频发布到微信视频号

　　微信视频号是微信官方推出的与公众号和个人账号平行的短视频平台。相比其他短视频平台，微信视频号的优势在于创作内容形式更加丰富，除了支持视频的上传外，还可以上传9张以内的图片。此外，用户在发布内容时还能添加公众号文章的链接，这样能同步将公众号的热度引流到视频号中。

第12章　视频发布，将内容分享到更多的平台

12.3.1 开通视频号

进入微信首页，点击"发现"按钮⊘，即可看到视频号入口，如图12-15所示。如果视频号入口被关闭，可以点击"我"按钮♀，然后点击"设置"选项，进入"通用"中的"发现页管理"界面，将"视频号"的开关打开，如图12-16所示。

进入视频号界面，可以看到"关注""朋友"和"推荐"三大视频查看区域，用户可以对视频进行点赞、转发、收藏和评论，如图12-17所示。

图12-15

图12-16

图12-17

点击主界面右上角的♀按钮，进入"我的视频号"界面，然后点击"发表视频"按钮 ▣，如图12-18所示。在"创建视频号"界面填写相关信息，点击"创建"按钮，完成视频号的创建，如图12-19所示，创建好的视频号主页如图12-20所示，用户可以在这里发表视频、发起直播，还可以查看视频号相关数据信息。

图12-18

图12-19

图12-20

12.3.2 上传视频

在视频号主页点击"发表视频"按钮 ▣，有"拍摄"和"从相册选择"两个选项，如图12-21所示。点击"拍摄"按钮，将会进入拍摄界面，如图12-22所示。拍摄完毕后，可以直接发布视频。

图12-21　　　　　图12-22

点击"从相册选择"按钮，即可进入视频选择界面选取视频。选择一个视频后，点击"下一步"按钮，即可进入视频编辑界面。在视频编辑界面，用户可以添加背景音乐、添加表情或文字、截取视频片段、识别视频中的人声等，如图12-23所示。

完成编辑后，点击"完成"按钮，进入内容发布界面。在此界面，可以修改视频封面、添加描述、设置所在位置、选择所参与的活动、添加扩展链接等，如图12-24所示。操作完毕后，点击"发表"按钮，即可发布视频。

图12-23　　　　　图12-24

12.4　在B站进行投稿

B站的全称为哔哩哔哩弹幕视频网，它是目前国内主流的实时弹幕视频网站，目前拥有动画、番剧、国创、音乐、舞蹈、游戏、科技、生活、娱乐、鬼畜、时尚、放映厅等内容分区。其中，生活、娱乐、游戏、动漫、科技是B站主要的内容品类。此外B站还开设了直播、游戏中心、周边等功能板块。

根据B站发布的2022年第四季度财报来看，平台日均活跃用户数达9280万，月均活跃用户数达3.26亿。现在B站已成为国内年轻用户创作和消费高品质视频内容的首选平台，平台影响力和商业价值不断提升，很多人选择在B站发布自己的作品，以获取更多的关注度。

下面详细介绍在B站进行投稿的方法。

12.4.1　创作中心

在PC端打开哔哩哔哩弹幕视频网，登录账号。单击网页右上角的"创作中心"按钮，即可进入创作中心页面。在创作中心，用户可以进行投稿、管理已发布的稿件、查看播放数据等多项操作，如图12-25所示。

图12-25

单击"投稿"按钮，进入投稿页面，如图12-26所示。目前B站的投稿类型有视频、专栏、互动视频、音频、贴纸、视频素材等，用户可以根据作品类型，在相应的选项卡中上传作品，进行投稿。

图12-26

不同类型的稿件投稿要求也不相同。以视频为例，网页端上传的文件大小上限为8GB，视频内容时长最长为10小时，网页端和桌面客户端推荐的上传格式为mp4和flv（其他格式也可上传，但这两种格式在转码过程中具有优势，审核更快）等。这些内容可在选项卡的底部点击相应文字选项进行查看，如图12-27所示。

图12-27

为了更好地鼓励UP主（投稿人）进行创作，B站逐渐建立并日益完善扶持体系和上升通道。在导航栏中单击展开"创作成长"卷展栏，单击其中的"创作学院"按钮，如图12-28所示，将会弹出"创作学院"页面，如图12-29所示。在此页面中，用户可以学习剪辑的基本操作、熟悉平台调性，有助于用户更深入地了解平台的各种机制，使自己的作品能够最大限度地获得关注。

图12-28

图12-29

12.4.2 封面设计

封面是吸引用户视线的第一步，一个合格的封

面需要满足主题明确、画面清晰、背景简单、文字精简吸睛、排版突出重点等条件，图12-30所示为B站作品封面示意图。

图12-30

在有人物出镜的情况下，常见的封面布局如图12-31~图12-33所示。一般情况下，人物会占到画面比例的1/3以上，主角正脸面对镜头，标题或关键词则被放置在主角周边。

如果是测评、好物分享、美食等人物不是重点的视频，那么在设计封面时，要以简洁的构图凸显视频主体，常见布局如图12-34~图12-36所示。

在人物和美食、宠物等同时出镜的情况下，画面依然以人物为主，而物体应放至突出位置，不宜过小，要表现出两者之间的关系，如图12-37和图12-38所示。而在制作美妆类视频的封面时，常常将人物妆前妆后的对比图并列排放，突出差异，如图12-39所示。

图12-31

图12-32

图12-33

图12-34

图12-35

图12-36

图12-37

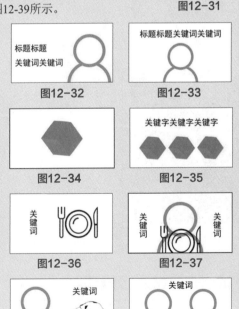

图12-38

图12-39

12.4.3　吸睛的标题

标题和封面同样重要，好的标题不仅需要紧贴主题内容，还要具有足够的吸引力。在拟写标题时要注意，标题文字不宜过长，以免显示不完整。精简的标题不但要概括视频内容，还要突出视频的亮点，引发观众的观看兴趣。此外，还可以在标题结尾处加上昵称，方便粉丝直接搜索，如图12-40所示。

图12-40

12.4.4　精准添加稿件标签

标签是UP主对于自身稿件的定义和分类。为稿件添加精准、合适的标签，可以提高视频被推送至目标受众的可能性，这在一定程度上有助于提升视频的各项数据，提升视频及发布账号的曝光度。

在投稿页面上传视频后，即可进入发布页面，在添加视频内容描述时，可以根据视频内容添加合适的标签，如图12-41所示。用户既可以选择系统根据视频内容推荐的标签，也可以添加自定义标签。

图12-41

B站的标签分为活动标签、类型标签和特色标签三种。以图12-42所示为例，"校园vlog""印度"和"vlog"为类型标签；"学习""中文"等为特色标签，表现视频的内容特点；"bilibili新星计划"和"11月打卡挑战W2"则为活动标签，添加活动标签可以获得更多由话题所带来的流量和曝光度。

图12-42

在添加标签时尽可能添加两种及以上的标签类型，总标签数量八个及以上最佳，以增加视频被推送、搜索的可能性。但不能盲目添加标签，在选取或添加标签时，尽量保证文字简练、精准且常见。

12.4.5　参与活动，赢取曝光

B站会不定期推出各种活动，各位UP主可以制作与活动主题相符的作品，投稿参与活动。参与活动后，作品有机会在活动页中展示，获得更多的曝光度。按照活动相关要求添加标签，即可参与活动。

在PC端哔哩哔哩弹幕视频网主站单击"活动"按钮，如图12-43所示，即可进入"活动"页面，查看近期举办的活动，如图12-44所示。

图12-43

图12-44

在手机（移动）端，用户可以从频道分区中找到"活动中心"选项，如图12-45所示。此外，用户还可以在稿件上传界面添加活动标签，如图12-46所示。

图12-45

图12-46

12.5 将视频发布到知乎

图12-47所示是知乎开屏标语，由此可知，知乎是一个网络问答社区。知乎自成立以来，通过认真、专业、可信赖的解答，以及源源不断地提供高质量的信息获得了公众的喜爱，而知乎创作中心在辅助创作者进行创作的同时，还能帮助创作者获得收益。下面介绍如何在知乎平台上发布视频内容。

图12-47

12.5.1 从PC端上传视频

登录知乎PC端，在首页单击"发视频"按钮□，如图12-48所示。进入上传视频界面，如图12-49所示，可以看到上传视频的各项要求。

单击"上传视频"按钮，将需要发布的视频文件进行上传，进入发布页面。在发布页面可以进行添加封面、增加视频简介、设置所属领域、绑定话题、选择视频类型、设置定时发布等操作，页面右侧还有移动端预览效果图，如图12-50所示。操作完成后，点击"发布视频"按钮即可将视频上传至知乎平台。

图12-48

图12-49

图12-50

12.5.2 从手机端上传视频

在手机端打开知乎APP，点击下方的"添加"按钮⊕，点击"传视频"按钮，即可进入视频添加界面，如图12-51所示。选择视频后，点击"导入"按钮，进入预览界面，如图12-52所示，在预览界面点击"高级编辑"按钮，可以对视频进行更多编辑，而点击"下一步"按钮，将进入发布界面。

图12-51

图12-52

进入发布界面后，即可为视频选择封面，或添加更多描述，如图12-53所示。还可以为视频绑定话题、添加所属领域标签，如图12-54和图12-55所示，进一步提升视频的曝光度。设置完毕后，点击"发布"按钮，即可将视频发布至知乎平台。

图12-53

图12-54

图12-55

12.6 将视频发布到快手

快手最初是一款制作和分享GIF图片的应用，后来从单一的制作工具转型成为短视频分享平台，帮助用户记录和分享生活，图12-56所示为快手官方网站首页。

图12-56

12.6.1 上传视频

在快手APP的首页点击"拍摄"按钮○，进入拍摄界面，如图12-57所示，在此界面可以选择多种模式进行拍摄，也可以进入相册，选择本地视频。

选取一个本地视频，进入视频编辑界面。在编辑界面中，可以为视频添加文字、音乐、封面等，如图12-58所示。设置完成后，点击"下一步"按钮，进入发布界面，即可为视频添加简介、话题并设置分享范围等，如图12-59所示。

图12-57

图12-58

图12-59

12.6.2 创作者服务平台

快手创作者服务平台是为创作者或机构提供管理、数据分析、内容生产等辅助工具的平台，用户在这里可以查看自己的数据、平台热点话题和热门活动等，登录快手官方网站，单击"创作者中心"按钮，如图12-60所示，即可进入创作者服务平台。在创作者服务平台的导航栏中单击"数据中心"按钮，即可在此查看各项数据，如图12-61所示。

图12-60

图12-61

在导航栏中单击打开"创作者学院"卷展栏，就能查看从"政策规范"到"重点问题解读"方方面面的短视频知识和注意事项，如图12-62所示。用户在发布视频前，可以先在此进行常识学习，争取为作品赢得更大的曝光度。

图12-62

12.7 将视频发布到西瓜视频

西瓜视频是一款个性化推荐视频平台，基于人工智能算法为用户推荐他们感兴趣的内容，同时辅

助创作者制作优良的视频分享给其他用户，其欢迎界面如图12-63所示。下面介绍如何将视频发布到西瓜视频平台。

图12-63

12.7.1 从PC端上传视频

在西瓜视频PC端的首页登录账号后，单击"发视频"按钮，如图12-64所示，进入西瓜创作平台，如图12-65所示，单击"点击上传或将文件拖入此区域"按钮，视频上传成功后对视频的基本设置进行修改，如图12-66所示，完成后将页面下拉至底部，单击"发布"按钮，即可发布视频。

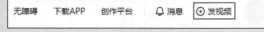

图12-64

图12-65

图12-66

12.7.2 从手机端上传视频

打开西瓜视频APP，在首页点击"发视频"按钮⊕，在本地相册中选中需要发布的视频，将会出现"去发布"和"去剪辑"两个按钮，如图12-67所示。如果视频不需要调整，直接点击"去发布"按钮，进入发布界面；如果视频还需要编辑调整，则点击"去剪辑"按钮，进入视频编辑界面，如图12-68所示，在此界面中，用户可以对视频进行剪辑、美化等处理。

直接点击"去发布"按钮，或在完成视频编辑后点击"下一步"按钮，即可进入发布界面，用户可以在此界面中完善视频的标题、封面等基本信息，如图12-69所示。各项设置完成后，点击"发布"按钮，即可完成视频的上传。

图12-67

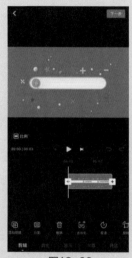
图12-68

图12-69

12.7.3 创作权益

在西瓜视频PC端，单击西瓜创作平台首页左侧导航栏中的"创作权益"按钮，即可查看目前账号已享有和待开通的权益，如图12-70所示。

图12-70

移动端用户在"我的"界面中点击"创作中心"按钮，如图12-71所示，然后点击"创作权益"按钮，如图12-72所示，即可进入创作权益界面查看自己的权益，如图12-73所示。

图12-71

图12-72

图12-73

12.8 将视频发布到小红书

小红书标志如图12-74所示，是年轻人的生活方式平台，于2013年在上海创立。小红书

图12-74

以"Inspire Lives分享和发现世界的精彩"为使命，用户可以在此通过短视频、图文等形式记录生活点滴，分享生活方式，并基于兴趣形成互动。截止到2019年10月，小红书月活跃用户数已经过亿，其中70%的用户是90后，并持续快速增长。下面对如何在小红书发布视频进行说明。

12.8.1 从PC端上传视频

登录小红书官方网站，单击首页的"视频上传"按钮，如图12-75所示，即可进入视频上传界面，如图12-76所示。上传视频文件后，将自动跳转至发布界面，在发布界面，用户可以进行完善视频描述等一系列操作，如图12-77所示。

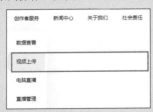

图12-75

图12-76

图12-77

12.8.2 从手机端上传视频

打开小红书APP，点击首页的"发布"按钮➕，即可进入视频添加界面，如图12-78所示。在视频添加界面选择视频后，点击"下一步"按钮，进入视频编辑界面，在此可对视频进行编辑，如图12-79所示。编辑完毕后，点击"下一步"按钮，即可进入发布界面，在此可以修改视频封面，添加视频描述，如图12-80所示，操作完毕后，点击"发布笔记"按钮，即可发布视频。

图12-78

图12-79

图12-80

12.9 将视频发布到今日头条

今日头条是一款基于数据挖掘，为用户推荐有价值、个性化信息的产品，提供连接人与信息的新型服务，是国内移动互联网领域成长极快的产品之一，如图12-81所示。在这个信息爆炸的时代，人们每天要面对的信息太多、太繁杂，以至于无法选择，今日头条便能在海量的信息中根据用户的兴趣、位置等多个维度进行个性化推荐。

图12-81

12.9.1 从PC端上传视频

在今日头条PC端登录账号，然后单击"发视频"按钮，如图12-82所示，进入视频发布界面。

图12-82

视频发布界面将计算机中的视频上传至指定区域，如图12-83所示。上传完成后，对视频的标题、简介等基本信息进行完善，如图12-84所示，完成后单击"发布"按钮即可发布视频。

在头条号中，用户可以创建视频合集，将已发布的视频按类型组织在一个合集下，用户在观看合集内任意一个视频时，还可以看到集合内其他视频，从而提升曝光度，如图12-85所示。

图12-83

第12章 视频发布，将内容分享到更多的平台

图12-84

这里需要注意的是，如果上传的视频为横版，会弹出正常发布界面，用户可以自由设置标题、简介等，如图12-86所示；如果上传的是竖版视频则会弹出图12-87所示的界面，用户无法使用简介、创作收益等功能，曝光量大大降低，所以建议用户尽量上传横版视频。

图12-86   图12-87

12.10 本章小结

短视频的传播平台众多，但并不是每一个都适用于自身账号。因此创作者在摸索的过程中，要根据自身账号的特点，着重选择几个平台进行运营，通过这些平台来获取流量，同时累积足够的黏性用户。短视频的重点不是制作发布了多少内容，而是留住了多少用户，产生了多少流量。读者需要明确的一点是：用户产生的价值远比视频多，只有用户消费了，才能达到变现的目的。

图12-85

12.9.2 从手机端上传视频

打开今日头条APP，在首页点击"发布"按钮，进入视频选择界面，将需要上传的视频选中后，点击"下一步"按钮进入发布界面，完善视频基本信息后点击"发布"按钮即可。